虚拟现实技术

（微课视频版）

张丽霞◎编著

清華大學出版社

北京

内 容 简 介

本书是一部系统论述虚拟现实技术的立体化教材。以虚拟现实技术的普及与应用为出发点,在全面系统阐述虚拟现实基础知识的基础上,以案例开发为主,着重介绍具有代表性的虚拟现实相关软件的使用方法和技巧,全面阐述虚拟现实技术的开发流程和经验,使读者能够快速掌握开发工具,并在较短时间内开发效果逼真的虚拟现实场景。全书分为 9 章,主要内容包括虚拟现实技术概述、人机交互设备、交互场景的构建、全景图制作开发、Unity 基础、场景漫游案例开发与制作、机械虚拟拆装训练案例开发与制作、沉浸式虚拟现实,及增强现实技术的概述与案例制作。

为便于读者高效学习,快速掌握虚拟现实技术的开发,本书配有完整的教学课件、案例素材和源代码,以及丰富的配套视频教程。

本书适合作为普通高等院校与职业院校虚拟现实技术、数字媒体技术、动画、游戏设计与教育技术等专业的教材,也可作为从事虚拟现实技术的行业、企业工程技术人员以及虚拟现实技术爱好者的参考用书。

图书在版编目(CIP)数据

虚拟现实技术:微课视频版/张丽霞编著.--北京:清华大学出版社,2021.10(2023.7重印)
ISBN 978-7-302-59068-2

Ⅰ.①虚… Ⅱ.①张… Ⅲ.①虚拟现实－高等学校－教材 Ⅳ.①TP391.98

中国版本图书馆 CIP 数据核字(2021)第 176215 号

责任编辑:赵　凯
封面设计:李召霞
责任校对:胡伟民
责任印制:刘海龙

出版发行:清华大学出版社
　　　　网　　　址:http://www.tup.com.cn,http://www.wqbook.com
　　　　地　　　址:北京清华大学学研大厦 A 座　　　邮　　编:100084
　　　　社 总 机:010-83470000　　　　邮　　购:010-62786544
　　　　投稿与读者服务:010-62776969,c-service@tup.tsinghua.edu.cn
　　　　质量反馈:010-62772015,zhiliang@tup.tsinghua.edu.cn
　　　　课件下载:http://www.tup.com.cn,010-83470236
印 装 者:三河市铭诚印务有限公司
经　　销:全国新华书店
开　　本:185mm×260mm　　印　张:14.75　　　　字　　数:370 千字
版　　次:2021 年 12 月第 1 版　　　　　　　　　印　　次:2023 年 7 月第 3 次印刷
印　　数:2301~3300
定　　价:69.00 元

产品编号:089924-01

前 言
PREFACE

《中共中央关于制定国民经济和社会发展第十四个五年规划和二〇三五年远景目标建议》将"建设数字中国"单列篇章,框定了数字经济重点产业的具体范围。虚拟现实和增强现实(VR/AR)产业已被列为数字经济重点产业并进入国家规划布局。可以预见,在未来五年,VR/AR技术在教育、影视、游戏、军工、医疗、制造业等领域将有很大的发展。

虚拟现实技术综合利用计算机图形学、仿真技术、多媒体技术、人工智能技术、计算机网络技术、并行处理技术和多传感器技术,模拟人的视觉、听觉、触觉等感觉器官,使人们能够沉浸在计算机生成的虚拟境界。人们通过虚拟现实系统不仅能够逼真地感受到在客观世界中所经历的,而且能够突破各种限制,感受到真实世界无法亲身经历的体验。

"实施科教兴国战略,强化现代化建设人才支撑"。党的二十大报告将教育、科技、人才"三位一体"统筹安排、一体部署。所以,本书是在"大众创业、万众创新"和"数字经济生态化发展"的大背景下,为培养具有较强的技术思维能力和创新能力,又擅长技术应用解决生产实际的具体问题的应用型人才而策划的。本书面向实践、重在应用,尽可能以通俗易懂的语言图文并茂地叙述内容,尽可能删减晦涩难懂、繁杂抽象的公式、定理,并以丰富的案例贯穿知识讲解,将基本理论与实际应用相结合,力求反映虚拟现实技术的最新发展。读者只需具备三维建模和面向对象编程能力,即可通过本书了解虚拟现实技术,并掌握其具体的实现方法,快速打造属于自己的虚拟现实应用。本书理想受众是智慧教育、智慧医学、智慧文旅、智慧制造等领域需要用到数字创意、虚拟场景、动态交互的应用型人才。

本书共9章,内容涵盖了理论和应用,前3章为虚拟现实技术概述、人机交互设备、交互场景的构建,重点介绍虚拟现实技术的定义、分类、发展趋势、应用领域、显示设备、声音设备、跟踪和动作捕捉设备、触觉/力反馈设备、对象建模、物理建模、运动建模、声音建模等;第4章在介绍全景图概念的基础上,以案例开发简述了全景图的开发过程;第5~8章为虚拟现实相关软件的介绍与综合案例开发,主要包括场景漫游、机械虚拟拆装训练、沉浸式虚拟现实开发3个案例;第9章为增强现实技术的概述与案例制作。

本书总学时建议为60学时,其中理论授课32学时,上机实验28学时。具体教学内容可根据专业培养目标的定位适当取舍,建议学时分配如下:

教学内容	实验内容	学 时	
		理论	实验
第1章 虚拟现实技术概述		2	
第2章 人机交互设备		4	
第3章 交互场景的构建		4	
第4章 全景图制作	实验一 全景图的制作	4	2

续表

教学内容	实验内容	学　时	
		理论	实验
第 5 章 Unity 基础	实验二 Unity 初体验	4	2
第 6 章 场景漫游案例开发与制作	实验三 场景漫游实例制作	2	4
第 7 章 机械虚拟拆装训练案例开发与制作	实验四 虚拟产品实例制作	6	4
	实验五 零件虚拟拆装实例制作		8
第 8 章 沉浸式虚拟现实案例开发与制作	实验六 虚拟现实综合案例开发	2	8
第 9 章 增强现实技术概述与案例制作		4	

　　本书由张丽霞策划,第 1,2,3,6,7,9 由张丽霞编写,第 4 章由菅光宾、张丽霞编写,第 5 章由陈建珍编写,第 8 章由刘成涛工程师编写,张丽霞负责统稿。

　　在本书的编写过程中,作者参阅和引用了大量专家、学者的书籍、文献和网络资源,在此向所有资源的作者表示衷心的感谢。同时要感谢刘光然老师对撰写本书给予的独到见解和支持,如果没有他的帮忙,本书将很难顺利出版。除此之外,卫津津老师参与了部分章节的文字编排和校对,张晨、鲁腾龙、韦莉莉、李卓玲同学提供了第 4 章和第 6 章的部分素材和代码,李卓玲、刘璎仪同学调整了本书的初稿格式,同时北京犀牛数字互动科技有限公司也给予热情帮助和鼎力支持,在此表示最诚挚的感谢;最后,感谢清华大学出版社的大力支持,他们认真细致的工作保证了本书的出版质量。

　　由于编者水平有限,书中难免有疏漏和不足之处,恳请读者批评指正。

作　者

2021 年 11 月

目录
CONTENTS

教学课件　　　教学大纲　　　实验代码　　　实验素材

第1章　虚拟现实技术概述 ··· 1

　1.1　虚拟现实技术的概念 ··· 1
　　1.1.1　虚拟现实技术的定义 ··· 1
　　1.1.2　虚拟现实技术的特征 ··· 3
　　1.1.3　虚拟现实系统的构成 ··· 4
　　1.1.4　虚拟现实、增强现实与混合现实的区别 ························· 5
　　1.1.5　虚拟现实与人工智能 ··· 6
　1.2　虚拟现实技术的分类 ··· 7
　　1.2.1　桌面虚拟现实技术 ··· 7
　　1.2.2　沉浸式虚拟现实技术 ··· 8
　　1.2.3　增强虚拟现实技术 ··· 10
　　1.2.4　分布式虚拟现实技术 ··· 11
　1.3　虚拟现实技术的发展及趋势 ··· 11
　　1.3.1　虚拟现实技术的发展历程 ······································· 11
　　1.3.2　国外虚拟现实技术的研究现状 ··································· 13
　　1.3.3　国内虚拟现实技术的研究现状 ··································· 14
　　1.3.4　虚拟现实技术的未来 ··· 16
　1.4　虚拟现实技术的主要应用 ··· 17
　　1.4.1　教育培训 ··· 17
　　1.4.2　军事领域 ··· 19
　　1.4.3　医疗领域 ··· 20
　　1.4.4　文化艺术领域 ··· 21
　　1.4.5　制造业 ··· 25
　　1.4.6　商业 ··· 25

第2章　人机交互设备 ··· 28

　2.1　显示设备 ··· 29
　　2.1.1　视觉因素 ··· 29
　　2.1.2　头盔显示器 ··· 31
　　2.1.3　立体眼镜 ··· 32

　　　2.1.4　CAVE 立体显示系统 ……………………………………………… 35

　　　2.1.5　墙式立体显示系统 …………………………………………………… 36

　　　2.1.6　裸眼立体显示系统 …………………………………………………… 37

　2.2　声音设备 ……………………………………………………………………… 40

　　　2.2.1　听觉因素 ………………………………………………………………… 40

　　　2.2.2　关键技术 ………………………………………………………………… 41

　　　2.2.3　相关设备 ………………………………………………………………… 42

　2.3　位姿跟踪技术与设备 ………………………………………………………… 43

　　　2.3.1　相关概念 ………………………………………………………………… 43

　　　2.3.2　机械式位姿跟踪设备 ………………………………………………… 45

　　　2.3.3　电磁式位姿跟踪设备 ………………………………………………… 46

　　　2.3.4　超声波位姿跟踪设备 ………………………………………………… 47

　　　2.3.5　光学式位姿跟踪设备 ………………………………………………… 48

　　　2.3.6　惯性位姿跟踪设备 …………………………………………………… 49

　　　2.3.7　混合位姿跟踪设备 …………………………………………………… 50

　2.4　手姿捕捉 ……………………………………………………………………… 50

　　　2.4.1　DataGlove(数据手套) ……………………………………………… 50

　　　2.4.2　CyberGlove(赛伯手套) ……………………………………………… 52

　　　2.4.3　PowerGlove(动力手套) ……………………………………………… 53

　　　2.4.4　Dextrous Hand Master(灵巧手套) ……………………………… 53

　2.5　运动捕捉 ……………………………………………………………………… 54

　　　2.5.1　历史发展 ………………………………………………………………… 54

　　　2.5.2　运动捕捉系统的分类 ………………………………………………… 55

　　　2.5.3　关键技术 ………………………………………………………………… 57

　2.6　触觉/力反馈交互设备 ……………………………………………………… 57

　　　2.6.1　相关概念 ………………………………………………………………… 58

　　　2.6.2　触觉设备 ………………………………………………………………… 58

　　　2.6.3　力反馈设备 …………………………………………………………… 61

第3章　交互场景的构建 …………………………………………………………… 66

　3.1　对象建模 ……………………………………………………………………… 66

　　　3.1.1　几何建模 ………………………………………………………………… 66

　　　3.1.2　图像建模 ………………………………………………………………… 69

　　　3.1.3　图像与几何相结合的建模 …………………………………………… 72

　　　3.1.4　视觉外观 ………………………………………………………………… 74

　　　3.1.5　常用的对象建模工具 ………………………………………………… 76

　3.2　物理建模 ……………………………………………………………………… 78

　　　3.2.1　分形技术 ………………………………………………………………… 78

　　　3.2.2　粒子系统 ………………………………………………………………… 79

3.2.3　碰撞响应 …………………………………… 80

3.3　运动建模 ……………………………………………… 84

3.3.1　虚拟摄像机 ………………………………… 84

3.3.2　对象位置 …………………………………… 85

3.3.3　对象层次 …………………………………… 86

3.4　声音建模 ……………………………………………… 87

3.4.1　声音的录制 ………………………………… 87

3.4.2　声音的合成 ………………………………… 88

3.4.3　声音的重放 ………………………………… 88

3.5　虚拟现实开发引擎 …………………………………… 88

第 4 章　全景图制作 ………………………………………… 92

4.1　全景图的概述 ………………………………………… 92

4.1.1　全景图的概念 ……………………………… 92

4.1.2　全景图的特点 ……………………………… 93

4.1.3　全景图的分类 ……………………………… 94

4.2　全景图的设备介绍 …………………………………… 97

4.2.1　数码相机 …………………………………… 97

4.2.2　鱼眼镜头 …………………………………… 97

4.2.3　全景云台 …………………………………… 98

4.2.4　航拍飞行器 ………………………………… 99

4.3　全景图常用软件 ……………………………………… 99

4.3.1　全景图缝合软件 …………………………… 99

4.3.2　全景图交互软件 …………………………… 102

4.4　全景图的案例制作 …………………………………… 104

4.4.1　制作流程 …………………………………… 105

4.4.2　照片拍摄及技巧 …………………………… 106

4.4.3　照片的缝合 ………………………………… 107

4.4.4　后期修补 …………………………………… 111

4.4.5　动态全景图 ………………………………… 113

第 5 章　Unity 基础 ………………………………………… 121

5.1　初识 Unity …………………………………………… 121

5.1.1　Unity 简介 ………………………………… 121

5.1.2　Unity 项目框架 …………………………… 121

5.2　窗口界面 ……………………………………………… 122

5.2.1　场景窗口 …………………………………… 122

5.2.2　层级面板 …………………………………… 124

5.2.3　项目面板 …………………………………… 124

5.2.4 检视面板 ……………………………………………………………… 124

5.3 物理引擎 ………………………………………………………………………… 125

5.3.1 刚体 …………………………………………………………………… 125

5.3.2 碰撞器 ………………………………………………………………… 125

5.4 地形 ……………………………………………………………………………… 128

5.4.1 导入资源包 …………………………………………………………… 129

5.4.2 创建地形 ……………………………………………………………… 129

5.4.3 编辑地形 ……………………………………………………………… 129

5.5 材质和贴图 ……………………………………………………………………… 131

5.5.1 材质 …………………………………………………………………… 131

5.5.2 贴图 …………………………………………………………………… 131

5.6 光照系统 ………………………………………………………………………… 133

5.6.1 光照类型 ……………………………………………………………… 133

5.6.2 实时光照 ……………………………………………………………… 134

5.6.3 灯光烘焙 ……………………………………………………………… 134

5.7 动画 ……………………………………………………………………………… 134

5.7.1 动画剪辑 ……………………………………………………………… 134

5.7.2 动画状态机 …………………………………………………………… 135

5.8 音频系统 ………………………………………………………………………… 136

5.8.1 音频概述 ……………………………………………………………… 136

5.8.2 音频组件 ……………………………………………………………… 136

第6章 场景漫游案例开发与制作 ……………………………………………………… 138

6.1 场景漫游概述 …………………………………………………………………… 138

6.1.1 场景漫游介绍 ………………………………………………………… 138

6.1.2 制作流程 ……………………………………………………………… 138

6.2 场景漫游案例制作 ……………………………………………………………… 139

6.2.1 场景制作 ……………………………………………………………… 139

6.2.2 交互功能制作 ………………………………………………………… 143

第7章 机械虚拟拆装训练案例开发与制作 …………………………………………… 157

7.1 机械零件拆装概述 ……………………………………………………………… 157

7.1.1 案例介绍 ……………………………………………………………… 157

7.1.2 制作流程 ……………………………………………………………… 157

7.2 机械零件的导入与设置 ………………………………………………………… 158

7.2.1 机械零件的导入 ……………………………………………………… 158

7.2.2 模型的设置 …………………………………………………………… 159

7.3 机械零件模型展览的制作 ……………………………………………………… 161

7.3.1 坐标系 ………………………………………………………………… 161

7.3.2　展览操作的实现 ………………………………………… 162

7.4　前盖的开关实现 …………………………………………………… 165

7.4.1　前期准备 ………………………………………………… 165

7.4.2　开关动画制作 …………………………………………… 166

7.5　顺序拆装动画制作 ………………………………………………… 173

7.5.1　拆装动画制作 …………………………………………… 173

7.5.2　动画控制器的设置 ……………………………………… 175

7.5.3　交互功能制作 …………………………………………… 177

7.6　GUI ………………………………………………………………… 182

7.6.1　添加按钮 ………………………………………………… 183

7.6.2　其他附加功能的实现 …………………………………… 188

7.7　打包与发布 ………………………………………………………… 191

第8章　沉浸式虚拟现实案例开发与制作 ……………………………… 193

8.1　沉浸式虚拟现实技术概述 ………………………………………… 193

8.2　基于 HTC 的虚拟现实案例开发 ………………………………… 194

8.2.1　HTC VIVE 设备介绍 …………………………………… 194

8.2.2　HTC VIVE 设备连接 …………………………………… 195

8.2.3　案例制作 ………………………………………………… 198

第9章　增强现实技术概述与案例制作 ………………………………… 205

9.1　增强现实技术概述 ………………………………………………… 205

9.1.1　增强现实概念 …………………………………………… 205

9.1.2　增强现实的硬件设备 …………………………………… 205

9.1.3　增强现实的应用及发展趋势 …………………………… 209

9.2　增强现实实现 ……………………………………………………… 212

9.2.1　增强现实的表现形式 …………………………………… 212

9.2.2　增强现实的实现原理 …………………………………… 213

9.2.3　开发工具 ………………………………………………… 214

9.2.4　Vuforia 的安装及工作原理 …………………………… 215

9.3　增强现实简单案例制作 …………………………………………… 217

9.3.1　Vuforia 注册识别图 …………………………………… 218

9.3.2　基于 Unity 的 AR 场景开发 ………………………… 221

第1章

虚拟现实技术概述

您有没有在工作的时候觉得很枯燥？

您有没有在跑步的时候觉得很无聊？

您有没有在看书的时候觉得内容特别难以理解？

您是不是因为工作繁忙，没时间出去游玩？

您是不是觉得出去游玩就是一场"到此一游"的走马观花式浏览？

您是不是玩游戏没有很"嗨"的感觉？

以上的所有问题，都可以利用虚拟现实技术来解决。虚拟现实技术已成为当前炙手可热的话题。

虚拟现实（Virtual Reality，VR）这一名词是由美国 VPL 公司创建人拉尼尔（Jaron Lanier）在20世纪80年代初提出的。作为一项综合性的技术，虚拟现实融合了数字图像处理、计算机图形学、多媒体技术、计算机仿真技术、传感器技术、显示技术、网络并行处理等多种技术，是由计算机再现真实世界的高技术模拟系统，其目的是生成看上去是真的，听上去是真的，动起来是真的，甚至闻起来、尝起来等一切感觉都是真的虚幻的环境，让人产生一种身临其境的体验感。也就是说，虚拟现实生成的视觉环境是立体的，音效是立体的，人机交互是和谐友好的，改变人与计算机之间枯燥、生硬和被动的交互方式的现状。目前虚拟现实技术已经成为计算机相关领域关注及研究、开发与应用的热点，也是发展最快的一项多学科综合技术。

1.1 虚拟现实技术的概念

1.1.1 虚拟现实技术的定义

虚拟现实是由英文名 Virtual Reality 或者 Virtual Environment 翻译而来。Virtual 的中文意思是"虚假"，意味着这个世界或者环境是虚拟的，人造的，存在于计算机内部的。Reality 意为"现实"，意味着现实的世界或者环境。所以，Virtual Reality 意味着虚拟现实是人工创造的，即利用计算机模拟现实世界生成的存在于计算机内部的环境，用户脱离键盘和鼠标，以自然的方式（视觉、听觉、触觉、嗅觉等）与环境交互，从而产生置身于相应的真实环境中的虚幻感、沉浸感，具有身临其境的感觉。

1. 虚拟现实的核心内容

虚拟现实打破了以前以机器为主，人们服从于机器、适应于机器的设计原则，以人为中心,一切设计均服务于人,使用户体验感更愉悦。所以,虚拟现实的核心内容包括3个方面。

(1) 环境。

虚拟现实强调环境,尤其是画面清晰、交互友好的环境,而不是数据和信息。简而言之,虚拟现实不仅重视文本、图形、图像、声音、语言等多种媒体元素,更强调综合各种媒体元素形成的环境效果。它以环境为计算机处理的对象和人机交互的内容,开拓计算机应用的新思路。

(2) 主动式交互。

虚拟现实强调的交互方式更加友好,采用专业的传感设备,改进传统的人机接口形式来实现,即打破传统的键盘、鼠标、屏幕被动的与计算机交互的方式。用户可以由视觉、听觉、触觉或嗅觉通过头盔显示器、立体眼镜、耳机以及数据手套等来感知环境、干预环境。虚拟现实人机接口是完全面向用户来设计,用户可以通过在真实世界中的行为干预虚拟环境。

(3) 沉浸感。

虚拟现实强调的效果是沉浸感,使人产生身临其境的感觉。传统交互方式,人被动地、间接地、非直觉地、有限地操作当前计算机,容易产生疲倦感。而虚拟现实系统通过相关的设备,采用逼真的感知和自然的动作,使人仿佛置身于真实世界,消除了人的枯燥、生硬和被动的感觉,大大提高工作效率。

2. 虚拟现实的交互仿真环境

虚拟现实技术中的"现实"具有不确定性,可以是真实世界的反映,也可以是人们构想出来的。"虚拟"意味着由计算机技术生成的模仿"现实"的仿真环境。所以,这里的交互仿真环境通常包括3种类型。

(1) 第1种是对肉眼可以看到的真实世界的仿真再现。

如虚拟小区,虚拟战场、虚拟实验仪器等,这种环境可以是已经存在的,也可能是已经设计好但是尚未建成,也可能是原来完好,现在被破坏,如图1-1所示。

(a) 虚拟小区　　　　　　　　　　　　　　　　(b) 虚拟校园

图 1-1　对真实存在环境的仿真

(2) 第2种是对真实世界中人类不可见的现象或环境进行仿真。

如微观世界的细菌、分子结构等。这种环境是真实环境,客观存在的,但是受到人类视觉、听觉器官的限制而不能感应到。一般情况是以特殊的方式(如放大尺度)进行模仿和仿真,使人能够看到、听到或者感受到,实现科学可视化,如图1-2所示。

(3) 第3种是根据人类的主观意念构造的环境。

如游戏场景、三维影视场景等。此环境完全是虚构的,用户也可以参与,并与之进行交互的非真实世界,如图 1-3 所示。

图 1-2　对不可见的真实环境
的仿真(二氧化硅的分子结构)

图 1-3　人类构想的环境的仿真(变形金刚人物)

1.1.2　虚拟现实技术的特征

Grigore Burdea 和 Philippe Coiffet 在一书中指出,虚拟现实具有 3 个最突出的特征:沉浸感(Immersion)、交互性(Interactivity)和构想性(Imagination)。由于这 3 个特征的英文单词均以 I 开头,所以,也被习惯称为虚拟现实的"3I"特征,如图 1-4 所示。

图 1-4　虚拟现实 3I 特征

1. 沉浸感

沉浸感又称临场感,是虚拟现实最重要的技术特征,是指用户借助交互设备和自身感知系统,置身于模拟环境中的真实程度。理想的模拟环境应该使用户难以分辨真假,使用户全身心地投入到计算机创建的三维虚拟环境中。

实现沉浸感的核心内容是多感知性(Multi-Sensory),指虚拟现实环境中除了一般计算机技术所具有的视觉、听觉感知之外,还包括力觉感知、触觉感知甚至包括味觉感知和嗅觉感知等。理想的虚拟现实技术应该能模拟一切人所具有的感知功能。相应地提出了视觉沉浸、听觉沉浸、触觉沉浸等,也就是对相关设备提出了更高要求。例如,视觉显示设备具备分辨力高、画面刷新频率快,并提供具有双目视差、人眼可视的整个视场的立体图像;听觉设备能够模拟自然声,碰撞声,并能根据人耳的机理提供判别声音方位的立体声;触觉设备能够让用户体验抓、握等操作的感觉,并能够提供力反馈,让用户感受到力的大小、方向等。但是,目前虚拟现实技术所具有的感知功能还仅局限于视觉、听觉、力觉、触觉等,其余的仍有待于继续研究和完善。

2. 交互性

交互性是用户通过使用专门的输入和输出设备,用人类的自然技能对模拟环境内物体的可操作程度和从环境得到反馈的自然程度。虚拟现实系统强调人与虚拟世界之间以近乎自然的方式进行交互。不仅用户通过传统设备(键盘和鼠标等)和传感设备(特殊头盔、数据手套等),使用自身的语言、身体的运动等自然技能,对虚拟环境中的对象进行操作,而且计算机能够根据用户的头、手、眼、语言及身体的运动来调整系统呈现的图像及声音。例如,用户可以用手去直接抓取模拟环境中虚拟的物体,不仅有握着东西的感觉,并能感觉物体的重量,视场中被抓的物体也能立刻随着手的移动而移动。

3. 构想性

构想性又称创造性,是虚拟世界的起点。想象力使设计者构思和设计虚拟世界,并体现出设计者的创造思想。所以,虚拟现实系统是设计者借助虚拟现实技术,发挥其想象力和创造性而设计的。例如,建造一座现代化的桥梁之前,设计师要对其结构作细致的构思。传统的方法是极少数内行人花费大量的时间和精力去设计许多量化的图纸。而现在采用虚拟现实技术进行仿真,设计者的思想以完整的桥梁呈现出来,简明生动,一目了然。所以有些学者称虚拟现实是放大或夸大人们心灵的工具,或人工现实(Artificial Reality),即虚拟现实的想象性。

沉浸感、交互性、构想性这3个特征生动说明了虚拟现实对现实世界不仅是对三维空间和一维时间的仿真,而且还是对自然交互方式的虚拟。具有3I特性的完整虚拟现实系统不仅让人达到身体上完全的沉浸,而且精神上也是完全投入其中。

1.1.3 虚拟现实系统的构成

虚拟现实系统是在硬件技术和软件系统的基础上设计开发出的虚拟环境。其组成如图1-5所示,包括了软件系统和硬件设备。软件系统为用于虚拟开发的所有软件的总称,包括操作系统、建模软件、虚拟现实引擎软件等。而硬件设备融合了传感器技术、智能结构技术等,实现了人机交互、实时反馈等功能,主要包括专业图形处理计算机、输入/输出设备等。

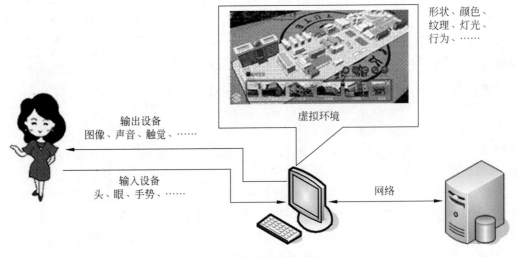

图 1-5　虚拟现实系统的组成

所以,一般的虚拟现实系统主要由专业图形处理计算机、应用软件系统、输入/输出设备和数据库组成。

1. 专业图形处理计算机

计算机在虚拟现实系统中处于核心地位,是系统的心脏,是 VR 的引擎,主要负责从输入设备中读取数据、访问与任务相关的数据库,执行任务要求的实时计算,从而实时更新虚拟世界的状态,并把结果反馈给输出显示设备。由于虚拟世界是一个复杂的场景,系统很难预测所有用户的动作,也就很难在内存中存储所有相应状态,所以虚拟世界需要实时绘制和删除,大大增加了计算量,这对计算机的配置提出了极高的要求。

2. 应用软件系统

虚拟现实的应用软件系统是实现 VR 技术应用的关键,其提供了工具包和场景图,主要完成虚拟世界中对象的几何模型、物理模型、行为模型的建立和管理;三维立体声的生成、三维场景的实时绘制;虚拟世界数据库的建立与管理等。目前较为成熟的软件当数国外的软件,如 Unity、Unreal Engine、EON Studio 等。国内也有一些较为好用的软件,例如中视典公司的 VRP 软件等。

3. 数据库

数据库用来存放整个虚拟世界中所有对象模型的相关信息。在虚拟世界中,场景需要实时绘制,大量的虚拟对象需要保存、调用和更新,所以,需要用到数据库对对象模型进行分类管理。

4. 输入设备

输入设备是虚拟现实系统的输入接口,其功能是检测用户的输入信号,并通过传感器输入给计算机。基于不同的功能和目的,输入设备除了包括传统的鼠标、键盘,还包括用于手姿输入的数据手套、身体姿态的数据衣、语音交互的麦克风等,以解决多个感觉通道的交互。

5. 输出设备

输出设备是虚拟现实系统的输出接口,是对输入的反馈。其功能是由计算机生成的信息通过传感器传给输出设备,输出设备以不同的感觉通道(视觉、听觉、触觉)反馈给用户。输出设备除了包括屏幕外,还包括声音反馈的立体声耳机,力反馈的数据手套,以及大屏幕立体显示系统等。

1.1.4　虚拟现实、增强现实与混合现实的区别

由于虚拟现实的封闭性使得用户与现实世界完全隔绝,导致 VR 的应用领域受到了一定的限制。由此,增强现实(Augmented Reality, AR)和混合现实(Mixed Reality, MR)在虚拟现实的基础上被提出来,其关系如图 1-6 所示,将现实世界与虚拟世界结合起来,弥补了 VR 的不足。

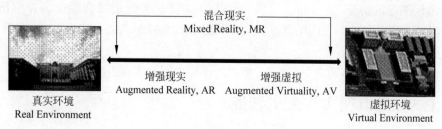

图 1-6　现实与虚拟关系

增强现实是混合现实的一种,是将真实世界和虚拟世界的信息进行无缝集成的一种新技术,借助计算机图形图像学和可视化技术,将虚拟的信息应用到真实世界,通过将计算机生成的虚拟对象、场景或系统提示信息,借助显示设备准确叠加在真实环境中,从而实现虚拟世界与真实环境的融合,给用户一个感官效果真实的新环境。

混合现实是虚拟现实技术的进一步发展,该技术通过在虚拟环境中引入现实场景信息,在虚拟世界、现实世界和用户之间搭起一个交互反馈的信息回路,以增强用户体验的真实感。

在图 1-6 中,左边为现实环境,即人们生活的真实世界,不包括任何虚拟环境;右边为虚拟环境,如电脑制作的虚拟场景,不包括现实环境。两者之间的部分就是混合现实,混合现实是合并现实和虚拟世界而产生的新的可视化环境,虚实共存,实时互动。也就是说,混合现实中,既包括虚拟环境,也包括现实环境。根据虚拟和现实的比重不同,混合现实又可以分为增强现实和增强虚拟。增强现实是在现实环境中添加少量的虚拟环境,用于丰富现实的内容。增强虚拟则相反,是在虚拟环境中添加少量的现实环境。因此可以得出,混合现实在呈现内容上比虚拟现实更丰富、更真实,混合现实和增强现实都是部分现实、部分虚拟,但在呈现视角上,混合现实比增强现实更广阔。VR、AR 和 MR 的对比如表 1-1 所示。

表 1-1　VR、AR 与 MR 的对比

比较内容	VR	AR	MR
概述	三维模型构造的沉浸感虚拟世界	在现实中实现虚实融合、信息增强	在现实中实现无缝虚实融合、存有视觉上的交互影像(遮挡、光照、运动)等
实现方式	光学+渲染	光学+渲染	渲染为主
视觉呈现方式	与现实世界隔离,通过 VR 设备实时渲染画面创造逼真的世界	在与现实世界连接的基础上,加强其视觉呈现的方式	虚拟世界与真实世界的无缝融合,是真实世界、虚拟世界和数字化信息的组合
硬件	Oculus、HTC Vive、PlayStation VR	Google Glass、VuzixM100	HoloLens

但是,目前业界还有另一种说法(由多伦多大学教授、"智能硬件之父"Steve Mann 提出),MR 是 Mediated Reality 的缩写,为介导现实,是现实环境经过数字化、再由电子设备产生,然后再与虚拟环境结合的产物,即数字化的现实环境与虚拟环境叠加后的内容。但是,人们在研究 MR 过程中,通常采纳第一种说法。

在实现目标上,VR 追求的是"沉浸感",而 MR 追求的是虚实信息的完美融合。在技术上,VR 关注图形的构建、显示和沉浸感。而 MR 关注虚实的配准和融合。在应用上,MR 不隔断观察者与真实世界之间的联系,所以导致 MR,尤其是 AR 在应用形式、应用场合,以及体验上都与 VR 不同。

在 MR 中,研究较多的为 AR,与之相关的详尽内容与实现方法见第 9 章。

1.1.5　虚拟现实与人工智能

随着谷歌的 Alpha Go 在 2016 年 3 月与世界顶尖职业棋手李世石进行人机大战,最终

以 4∶1 的比分大获全胜,使得人工智能重新进入人类视线,得到各方研究人员的青睐。

人工智能是于 1956 年由约翰·麦卡锡博士提出的。他认为,人工智能就是要让机器的行为看起来就像人所表现出的智能行为一样。随着技术的发展,人工智能的定义越来越精确,通常定义为研究和开发用于模拟、延伸和扩展人的智能的理论、方法、技术及应用系统的一门新的技术科学。人工智能是计算机科学的一个分支,用于生产出一种新的能以人类智能相似的方式做出反应的智能机器,通俗讲就是机器像人一样思考和行动。

对人工智能与虚拟现实来说,人工智能是一个创造接受感知的世界,虚拟现实是一个创造被感知的环境。虚拟现实设备具有感知和交互功能及可穿戴特性,可以实现对个人信息更完备的追踪和记录。记录的数据量越来越多,维度就会越来越丰富和完善,这直接推动人工智能的深入发展,铸就了两者的结合。

人工智能将会让虚拟场景变得真正智能起来。虚拟现实内容不再根据预先设定的情节线性推进,而是根据用户的行为和意图,智能地按照用户的想法循序展开。虚拟现实内容中的各种对象不再根据预先设计好的方式机械地做出回应,它们都会被赋予独特的智慧和个性,根据用户的意图,去智能地调整反馈信息。此时,虚拟世界真正地"活"起来了,变得真实,能够给用户提供真正的沉浸感、交互性和构想性体验。

届时,虚拟现实的特征将由 3I 转变为 4IE,除传统的沉浸感、交互性和构想性之外,虚拟现实系统将会具有智能(Intelligent)和自我进化(Evolution)的特征。同时,虚拟现实场景建模技术会从目前以几何、物理建模为主,向几何、物理、生理、行为、智能建模方向发展。

1.2　虚拟现实技术的分类

根据用户参与和沉浸感的程度,通常把虚拟现实分成 4 大类:桌面虚拟现实技术、沉浸式虚拟现实技术、增强虚拟现实技术和分布式虚拟现实技术。

1.2.1　桌面虚拟现实技术

桌面虚拟现实(PCVR)技术,基本上是一套基于普通 PC 平台的小型桌面虚拟现实技术。使用个人计算机(PC)或初级图形 PC 工作站去产生仿真,计算机的屏幕作为用户观察虚拟环境的一个窗口。用户坐在计算机显示器前,戴着立体眼镜,并利用位姿跟踪设备、数据手套或者 6 个自由度的三维空间定位等设备操作虚拟场景中的各种对象,并可以 360°范围内浏览虚拟世界。然而用户是不完全投入的,因为即使戴上立体眼镜,屏幕的可视角仅仅是 20°～30°左右,仍然会受到周围现实环境的干扰。

桌面虚拟现实系统虽然缺乏头盔显示器的投入效果,但已经具备了虚拟现实技术的技术要求,并且其成本相对低很多,所以目前应用较为广泛。例如,学校里的虚拟校园、虚拟教室、虚拟实验室等,高考结束的学生在家里可以参观高校里的基础设施;虚拟小区、虚拟样板房不仅为买房者带来了便利,也为商家带来了利益。桌面虚拟显示系统主要用于计算机辅助设计、计算机辅助制造、建筑设计、桌面游戏、军事模拟、生物工程、航天航空、医学工程、科学可视化等领域,如图 1-7～图 1-10 所示。

图 1-7　桌面虚拟现实系统

图 1-8　虚拟游戏

图 1-9　生物研究

图 1-10　地理研究

1.2.2　沉浸式虚拟现实技术

沉浸式虚拟现实技术是一种高级的、较理想、较复杂的虚拟现实系统。它采用封闭的场景和音响系统将用户的视听觉与外界隔离,使用户完全置身于计算机生成的环境之中,用户利用空间位姿跟踪设备、数据手套、三维鼠标等输入设备输入相关数据和命令,计算机根据获取的数据测得用户的运动和姿态,并将其反馈到生成的视景中,使用户产生一种身临其境、完全投入和沉浸于其中的感觉。

沉浸式虚拟现实系统与桌面虚拟现实系统相比,具有以下特点。

1. 具有高度的实时性

当用户转动头部改变观察点时,空间位置跟踪设备及时检测并输入给计算机,由计算机计算,快速地输出相应的场景。为使场景快速平滑连续显示,系统必须具有足够小的延迟,包括传感器的延迟、计算机的计算延迟等。

2. 具有高度的沉浸感

沉浸式虚拟现实技术必须使用户与真实世界完全隔离,不受外界的干扰,依据相应的输入和输出设备,完全沉浸到环境中。这是沉浸式虚拟现实技术最大的优点。例如,在消防仿真演习系统中,消防员会沉浸于极度真实的火灾场景并做出不同反应。

3. 具有先进的软硬件

为了提供"真实"的体验,尽量减少系统的延迟,必须尽可能利用先进的、相兼容的硬件和软件。

4. 具有并行处理的功能

并行处理功能是虚拟现实的基本特性,用户的每一个动作,都涉及多个设备,例如手指指向一个方向并说:那里!,会产生三个同步事件:头部跟踪、手势识别及语音识别。

5. 具有良好的系统整合性

在虚拟环境中,硬件设备互相兼容,并与软件系统很好地结合,相互作用,构造一个更加灵巧的虚拟现实系统。

沉浸式虚拟现实主要依赖于各种虚拟现实硬件设备,例如头盔显示器(图 1-11)、投影虚拟现实设备(图 1-12 和图 1-13)和其他的一些手控交互设备等(图 1-14～图 1-16)。参与者戴上头盔显示器后,外部世界就被有效地屏蔽在视线以外,其仿真经历要比桌面虚拟现实更可信、更真实,沉浸效果更强。但其最大的缺点是系统设备尤其是硬件价格相对较高,难以大规模普及推广。

图 1-11 头盔式的沉浸系统

图 1-12 环幕式的沉浸系统

图 1-13 三面洞穴式的沉浸系统

图 1-14 五面洞穴式的沉浸系统

图 1-15 球面体的沉浸系统

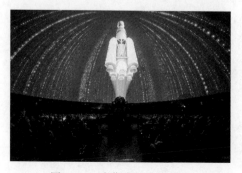

图 1-16 球幕式的沉浸系统

1.2.3 增强虚拟现实技术

增强现实是混合虚拟现实的一种,得益于 20 世纪 60 年代以来计算机图形学技术的迅速发展,是近年来国内外众多知名学府和研究机构的研究热点之一。它是借助计算机图形技术和可视化技术产生现实环境中不存在的虚拟对象,并通过传感技术将虚拟对象准确"放置"在真实环境中,借助显示设备将虚拟对象与真实环境融为一体,并呈现给使用者一个感官效果真实的新环境。因此增强虚拟现实系统具有虚实结合、实时交互、三维注册的新特点,即把真实环境和虚拟环境融合在一起,它既允许用户看到真实世界,同时也可以看到叠加在真实世界的虚拟对象,这种系统既可减少对构成复杂真实环境的计算,又可对实际物体进行操作,真正达到亦真亦幻的境界。

在增强现实系统中,底层技术与虚拟现实是共通的,都需要立体显示、实时交互、手持识别、位置跟踪等技术的支撑。但是,增强现实需要突破虚拟对象与真实环境位置的定位和无缝衔接的问题。除此之外,增强虚拟现实系统不仅仅局限于在视觉上对真实场景进行增强,实际上任何不能被人的感官所察觉但却能被机器(各种传感器)检测到的信息,通过转化,以人可以感觉到的方式(图像、声音、触觉和嗅觉等)叠加到人所处的真实场景中,都能起到对现实的增强作用。

增强现实是在虚拟环境与真实世界之间架起的一座桥梁。因此,增强现实的应用潜力相当巨大。在尖端武器、飞行器的研发、数据模型的可视化、虚拟训练等领域具有广泛的应用,图 1-17 为对精密仪器的研发,图 1-18 为汽车的智能维修,对真实环境进行增强显示输出的特性,用户可以与两个世界进行交互,方便工作。除此之外,增强现实在教学、娱乐、文艺等方面也有应有,如图 1-19 和图 1-20 所示。

图 1-17 精密仪器的研发

图 1-18 汽车的智能维修

图 1-19 智能教学

图 1-20 智慧旅游

1.2.4　分布式虚拟现实技术

分布式虚拟现实系统是一个基于网络的可供异地多用户同时参与的分布式虚拟环境。在这个环境中,位于不同物理环境位置的多个用户或多个虚拟环境通过网络相连接,使多个用户同时参加一个虚拟现实环境,通过计算机与其他用户进行交互,共享信息,并对同一虚拟世界进行观察和操作,以达到协同工作的目的。

分布式虚拟现实把分布于不同地方的沉浸式虚拟现实系统通过网络连接起来,共同实现某种用途,使不同的参与者连接在一起,同时参与一个虚拟空间,共同体验虚拟经历,使用户协同工作达到一个更高的境界。分布式虚拟现实系统在远程教育、科学计算可视化、工程技术、建筑、电子商务、交互式娱乐、艺术等领域都有着极其广泛的应用前景。利用它可以创建多媒体通信、设计协作系统、实境式电子商务、网络游戏、虚拟社区等全新的应用系统。随着 5G 网络时代到来,分布式虚拟现实系统将逐渐成为研究热点之一,也将会是虚拟现实发展的趋势。

1.3　虚拟现实技术的发展及趋势

1.3.1　虚拟现实技术的发展历程

计算机技术的发展,促进多种技术的飞速发展。虚拟现实技术与其他技术一样,由于技术的要求和市场的需求也随即发展起来。在这个漫长的过程中,主要经历了以下四个阶段:

1. 20 世纪 50—70 年代,虚拟现实技术的探索阶段

1956 年,在全息电影技术的启发下,美国电影摄影师 Morton Heiling 开发了 Sensorama。Sensorama 是一个多通道体验的显示系统,用户可以感知到事先录制好的体验,包括景观、声音、气味等。

1960 年,Morton Heiling 研制的 Sensorama 的立体电影系统获得美国专利,此设备与20 世纪 90 年代的 HMD 非常相似,只能供一个人观看,具有多种感官刺激的立体显示设备。

1965 年,计算机图形学的奠基者美国科学家 Ivan Sutherland 博士在国际信息处理联合会大会上提出了"The Ultimate Display"(终极的显示)的概念,首次提出了全新的、富有挑战性的图形显示技术,即不通过计算机屏幕这个窗口来观看计算机生成的虚拟世界,而是使观察者直接沉浸在计算机生成的虚拟世界中,就像生活在客观世界中。随着观察者随意转动头部与身体,其所看到的场景就会随之发生变化,也可以用手、脚等部位以自然的方式与虚拟世界进行交互,虚拟世界会产生相应的反应,使观察者有一种身临其境的感觉。

1968 年,Ivan Sutherland 使用两个可以戴在眼睛上的阴极射线管研制出第一个头盔式显示器。

20 世纪 70 年代,Ivan Sutherland 在原来的基础上,把能够模拟力量和触觉的力反馈装置加入到系统中,研制出一个功能较齐全的头盔式显示器系统。该显示器使用类似于电视机显像管的微型阴极射线管(CRT)和光学器件,为每只眼镜显示独立的图像,并提供与机械或超声波等跟踪设备的接口。

1976 年 Myron Kruger 完成了 Videoplace 原型,它使用摄像机和其他输入设备创建一个由参与者的动作控制的虚拟世界。

2. 20 世纪 80 年代初—2011 年,虚拟现实技术系统化,从实验室走向实用阶段,并高速发展

1989 年,美国 VPL 公司的创始人 Jaron Lanier 正式提出了"Virtual Reality"一词,得到业界的广泛认可和采用,"Virtual Reality"成为这一学科的专用名词,Jaron Lanierye 也因此被称为"虚拟现实之父"载入史册。而当时,研究此项技术的目的是提供一种比传统计算机模拟更好的方法。

20 世纪 80 年代末至今为虚拟现实全面发展和全面应用的阶段,这个时期,虚拟现实技术从研究到应用都进入了一个崭新的时代。

随着 VPL 公司生产了一套全身动作捕捉系统 DataSuit 和一套双人共享虚拟现实系统 RB2(Reality Built for Two),VPL 公司和 AutoDesk 公司也向世人展示了他们的第一个商业化的 VR 系统。随着 VPL 公司和 AutoDesk 公司的宣传,虚拟现实的第一次市场高潮也到来了。

20 世纪 90 年代,虚拟现实技术的理论已经非常成熟,但 VR 头盔依旧是概念性产品。随后,VPL 公司围绕虚拟现实推出了多种设备和系统,包括类似于今天 VR 手套的数据手套(Data Glove)、环绕音响系统(Audio Sphere)、第一个 3D 引擎、第一个 VR 操作系统等。VPL 公司的 VR 设备的民用化探索使人们在虚拟现实商业化道路上迈出了一大步。

1993 年,Game Boy 之父,时任任天堂高级游戏设计师的横井军平,采用庆应大学某研究室的视觉成像技术设计研发了一款革命性的虚拟现实套装设备,名为 Virtual Boy。它的原理是利用左右眼的视差,在左右两个显示屏上显示不同角度的影像从而营造出立体的效果,再配以红、黑两种单色来凸显立体的感觉。

1994 年年末和 1995 年,任天堂分别在日本和美国的大型游戏展会中展示了 Virtual Boy 游戏机。1995 年 7 月 21 日,Virtual Boy 在日本上市,一个月后登陆北美市场,但是消费者对这款显示单调的点线图形的产品并不是特别感兴趣,最终销量并不理想。但是,它是虚拟现实技术在消费领域的首次大胆尝试。

除了硬件设备的研发外,软件方面也有了突破。1996 年 10 月 31 日,世界第一个虚拟现实技术博览会在伦敦开幕。全世界的人们可以通过因特网坐在家中参观这个没有场地、没有工作人员、没有真实展品的虚拟博览会。

1996 年 12 月,世界第一个虚拟现实环球网在英国投入运行。这样,因特网用户便可以在一个由立体虚拟现实世界组成的网络中遨游,身临其境般地欣赏各地风光、参观博览会和大学课堂听讲座等。

2010 年在中国上海举办的世博会的亮点之一就是网上世博会,运用三维虚拟现实、多媒体等技术设计世博会的虚拟平台,将上海世博会园区及园区内的展馆空间数字化,利用三维方式在线到因特网上,全球网民足不出户就可以获得前所未有的 360°空间游历和 3D 互动体验。

3. 2012 年至今,虚拟现实技术井喷式爆发,已走进大众视线

在早期市场上,虽然虚拟现实的尝试不太乐观,但是人们从未停止对虚拟现实技术的研究和探索。进入 21 世纪后,大部分产品仍因体积大、成本高而实际应用价值不高,最多只能让用户感到新奇,所以,虚拟现实再次渐渐淡出了大众消费市场。

2012年，Oculus公司的出现，彻底打破了虚拟现实领域的平静。8月，19岁的Palmer Luckey把一款名为Oculus Rift的虚拟现实头盔式显示器摆上了美国众筹网站Kickstarter。该产品旨在将广视场景、低延迟的沉浸式虚拟现实体验，以亲民的价格打开大众消费者的市场。产品上架后就获得大众的广泛关注和支持，在短短的一个月内，就获得了9522名消费者的支持，最终筹得了243万美元众筹资金。从此，这家公司也开始引起了人们的广泛关注。2014年，脸谱公司的创始人扎克伯格在体验过Oculus Rift后，以20亿美元将其收购，并声明这个技术将代替智能手机成为下一代的计算平台。该事件强烈刺激了科技圈和资本市场，点燃了虚拟现实的重生之火，虚拟现实技术迎来了第二次高潮。

自此以后，虚拟现实技术深受投资市场的追捧，并在各类展会上大放异彩，成功涌入普通消费者的生活，VR的产业化也在全球范围内快速铺开。国际上，Sony公司开启Morpheus计划、Google公司推出Cardboard、三星公司与Oculus公司合作推出Gear。在国内，各大公司也相继推出了自己的计划，乐视、小米、华为、阿里巴巴、腾讯等大公司分别进军VR领域。同时，数百家VR创业公司相继出现，快速覆盖了几乎所有的产业环节。由此，人们称虚拟现实进入了新纪元，而2016年则是虚拟现实的元年。

同时，各行各业都相继引入虚拟现实，"VR+"成为继"互联网+"之后的新型产品融合方向。当前，虚拟现实技术已经在游戏、医疗、娱乐、安保、工业生产等领域都有所成绩。随着5G通信的发展和大数据技术的成熟，VR+产品会更加丰富，涉猎的领域会更加繁荣。5G给大家带来了更快的带宽、更高的速率，使得VR/AR技术中的语音识别、视线跟踪、手势感应等得到了低时延处理，为VR走进人们的日常生活铺平了道路。大数据技术实现了对虚拟现实海量数据的处理和分析，为VR的决策力、洞察力和流程优化能力提供了帮助。除此之外，迅速发展的计算机硬件技术与不断改进的计算机软件系统极大地推动虚拟现实技术的发展，使基于大型数据集合的声音和图像的实时动画制作成为可能，人机交互系统的设计不断创新，很多新颖、实用的输入/输出设备不断地出现在市场上，为虚拟现实系统的发展夯实了基础。

1.3.2　国外虚拟现实技术的研究现状

美国是虚拟现实技术的发源地，拥有主要的VR技术研究机构，其中VR技术的诞生地——美国国家航空航天局（NASA）的Ames实验室，引领着VR技术在世界各国发展壮大。

20世纪80年代，NASA的Ames实验室致力于"虚拟行星探索"（VPE）的实验计划。现在NASA已经建立了航空、卫星维护VR训练系统，空间站VR训练系统，并建立了可供全美国使用的VR教育系统。北卡罗来纳大学（UNC）的计算机系是最早进行VR研究的大学，他们主要研究分子建模、航空驾驶、外科手术仿真、建筑仿真等。乔治梅森大学研制出一套在动态虚拟环境中的流体实时仿真系统。施乐公司研究中心在VR领域主要从事利用VRT建立未来办公室的研究，并努力设计一项基于VR使得数据存取更加容易的窗口系统。波音公司的波音777运输机采用全无纸化设计，利用开发的虚拟现实系统将虚拟环境叠加于真实环境之上，把虚拟的模板显示在正在加工的工件上，工人根据此模板控制待加工尺寸，从而简化加工过程。

英国在VR开发的某些方面，特别是在分布并行处理、辅助设备（包括触觉反馈）设计和应用研究方面，在欧洲来说是领先的。英国Bristol公司发现，VR应用的交点应集中在整体综合技术上，在软件和硬件的某些领域处于领先地位。英国ARRL公司关于远地呈现的研究实验,主要包括 VR 重构问题,其产品还涉及建筑和科学可视化计算。

欧洲其他一些较发达的国家如荷兰、德国、瑞典等也积极进行 VR 的研究与应用。

瑞典的 DIVE 分布式虚拟交互环境,是一个基于 UNIX 的、不同节点上的多个进程可以在同一世界中工作的异质分布式系统。

荷兰海牙 TNO 研究所的物理电子实验室(TNO-PEL)开发的训练和模拟系统,通过改进人机界面来改善现有模拟系统,以使用户完全介入模拟环境。

德国在 VR 的应用方面取得了出乎意料的成果。在改造传统产业方面,一是用于产品设计、降低成本,避免新产品开发的风险;二是产品演示,吸引客户争取订单;三是用于培训,在新生产设备投入使用前,用虚拟工厂来提高工人的操作水平。

2008 年 10 月 27—29 日在法国举行的 ACM Symposium on Virtual Reality Software and Technology 大会,整体上促进了虚拟现实技术的深入发展。

日本的虚拟现实技术的发展在世界相关领域的研究中同样具有举足轻重的地位,其在建立大规模 VR 知识库和虚拟现实的游戏方面取得很大的成就。

东京技术学院精密和智能实验室研究了一个用于建立三维模型的人性化界面,称为 SpmAR。NEC 公司开发了一种虚拟现实系统,用"代用手"来处理 CAD 中的三维形体模型,通过数据手套把对模型的处理与操作者的手联系起来。东京大学的高级科学研究中心的研究重点主要集中在远程控制方面,最近的研究项目是可以使用户控制远程摄像系统和一个模拟人手的随动机械人手臂的主从系统。东京大学广濑研究室重点研究虚拟现实的可视化问题,他们正在开发一种虚拟全息系统,用于克服当前显示和交互作用技术的局限性。日本奈良尖端技术研究生院大学教授千原国宏领导的研究小组于 2004 年开发出一种嗅觉模拟器,只要把虚拟空间里的水果放到鼻尖上一闻,装置就会在鼻尖处放出水果的香味,这是虚拟现实技术在嗅觉研究领域的一项突破。

1.3.3　国内虚拟现实技术的研究现状

我国虚拟现实技术研究起步较晚,与国外发达国家还有一定的差距。随着计算机图形学、计算机系统工程等技术的高速发展,虚拟现实现已得到国家有关部门和科学家们的高度重视,引起我国各界人士的兴趣和关注。目前,国内许多研究机构和高校也都在进行虚拟现实的研究和应用并取得了一些不错的研究成果。虚拟现实技术已在城市规划、教育培训、文物保护、医疗诊断、房地产、互联网、勘探测绘、生产制造、军事航天等数十个重要的行业得到广泛的应用。

北京航空航天大学计算机系是国内最早进行 VR 研究、最有权威的单位之一。其虚拟实现与可视化新技术研究室集成了分布式虚拟环境,可以提供实时三维动态数据库、虚拟现实演示环境、用于飞行员训练的虚拟现实系统、虚拟现实应用系统的开发平台等,并着重研究虚拟环境中物体物理特性的表示与处理。同时,在虚拟现实中的视觉接口方面开发出部分硬件,并提出有关算法及实现方法等。

清华大学国家光盘工程研究中心所开发的"布达拉宫",采用了 QuickTime 技术,实现大全景 VR 系统。而计算机科学和技术系在虚拟现实和临场感方面进行了研究,如球面屏幕显示和图像随动、克服立体图闪烁的措施和深度感实验等方面都具有不少独特的方法。他们还针对室内环境水平特征丰富的特点,提出借助图像变换,使立体视觉图像中对应水平特征呈现形状一致性,以利于实现特征匹配,并获取物体三维结构的新颖算法。

浙江大学 CAD&CG 国家重点实验室开发了一套桌面型虚拟建筑环境实时漫游系统,还研制出了在虚拟环境中一种新的快速漫游算法和一种递进网格的快速生成算法。

哈尔滨工业大学计算机系已经成功地合成人的高级行为中的特定人脸图像,解决表情的合成和唇动合成技术问题,并正在研究人说话时手势和头势的动作、语音和语调的同步等。

武汉理工大学智能制造与控制研究所主要研究使用虚拟现实技术进行机械的虚拟制造,包括虚拟布局、虚拟装配、产品原型快速生成等。

西安交通大学信息工程研究所对虚拟现实中的立体显示技术这一关键技术进行了研究,在借鉴人类视觉特性的基础上提出了一种基于 JPEG 标准压缩编码新方案,获得了较高的压缩比、信噪比以及解压速度,并且通过实验证明了这种方案的优越性。

中国科技开发院威海分院主要研究虚拟现实中视觉接口技术,完成了虚拟现实中的体视图像对算法回显及软件接口。在硬件的开发上完成了 LCD 红外立体眼镜,并且已经实现商品化。

北方工业大学 CAD 研究中心是我国最早开展计算机动画研究的单位之一,中国第一部完全用计算机动画技术制作的科教片《相似》就出自该中心。此外,该中心还完成了体视动画的自动生成部分算法与合成软件处理,构建了 VR 图像处理与演示系统的多媒体平台及相关的音频资料库。

除了高校和研究机构对世界前沿领域的奋发图强、敢于创新的精神外,最近几年,从事虚拟现实技术开发的公司也如春笋般络绎不绝地涌现出来。

中视典数字科技有限公司是从事虚拟现实与仿真、多媒体技术、三维动画研究与开发的专业机构,是国内早期从事虚拟现实技术研发和应用的公司之一。该公司自主研发了国产的虚拟现实引擎 VR-Platform,构建了完整的软硬件相结合的中视典 XR 生态体系,成功地从国内第一个虚拟现实平台软件 VRPlatform 发展为今天的一站式数字解决方案提供商。此外,还提出了"行业+XR"的理念,深入了解行业,为客户普及虚拟现实的应用价值,用虚拟现实的技术和手段解决行业痛点,为客户创造价值。目前,中视典服务了 1000 多所高校用户,5 万多企业与个人用户,积累了近 4000 个项目开发经验,涉及领域有智能制造、数字孪生、展览展示、消防应急、教育实训、军事演练、工业仿真等。

北京犀牛数字互动科技有限公司始终致力于虚拟现实技术的行业深度应用,现有 VR/AR 定制开发、VR 主题乐园、VR 培训三大业务板块,先后为中交集团、中航技、中国船舶、中石化等近百家大型企业机构提供了优质的 VR 服务。该公司也是 Unity 官方教材的编写者,出版了多部 VR 行业专著,在业内广受好评。

除此之外,华为、小米等大公司也深耕于虚拟现实技术。华为 VR 研制了华为 VR SDK,支持 Unity 引擎,为虚拟现实内容开发者提供了平台,用户开发后上传到华为 VR 应用商店,审核通过后拥有华为 VR 眼镜的消费者即可直接购买下载。在硬件设备上提供了支持华为系列手机/平板的 3 自由度的 VR 眼镜和 3 自由度功能的手柄,如图 1-21 所示,实现了 VR 的便捷性,为虚拟现实的普及奠定了基础。

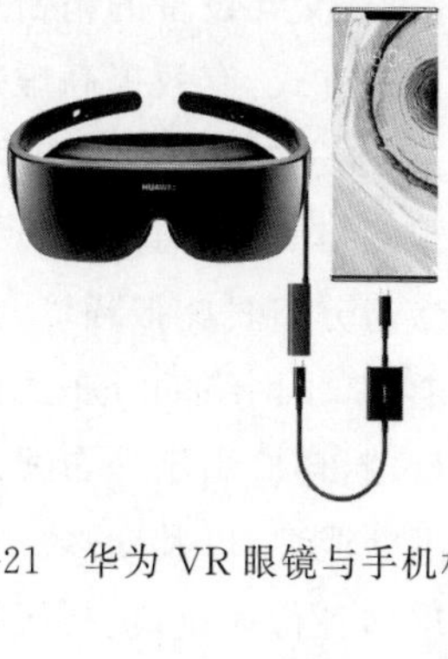

图 1-21 华为 VR 眼镜与手机相连

　　小米公司于2016年成立了小米探索实验室,专注于研究虚拟现实以及机器人等前沿科技,联合Oculus,打造发烧级的硬件性能与海量的内容资源,巨大的升级带来了令人震惊的体验。现在无须连接任何手机、电脑等设备,即可以随时随地沉浸在丰富震撼的虚拟现实世界中。

1.3.4　虚拟现实技术的未来

　　虚拟现实技术的实质是构建一种人为的能与之进行自由交互的"世界",在这个"世界"中,参与者可以实时地探索或移动其中的对象。沉浸式虚拟现实是最理想的追求目标。但虚拟现实相关技术研究遵循"低成本、高性能"原则,桌面虚拟现实是较好的选择。因此,根据实际需要,未来虚拟现实技术的发展趋势为两个方面:一方面是朝着桌面虚拟现实发展。目前已有数百家公司正在致力于桌面级虚拟现实的开发,其主要用途是商业展示、教育培训及仿真游戏等。由于因特网的迅速发展,网络化桌面级虚拟现实也随之诞生。另一方面是朝着高性能沉浸式虚拟现实发展。在众多高科技领域如航空航天、军事训练、模拟训练等,由于各种特殊要求,需要完全沉浸在环境中进行仿真试验。

　　这两种类型的虚拟现实技术的未来发展主要在建模与绘制方法、交互方式和系统构建等方面提出了新的要求,表现出一些新的特点和技术要求。

1. 动态环境建模技术

　　虚拟环境的建立是VR技术的核心内容,动态环境建模技术的目的是获取实际环境的三维数据,并根据需要建立相应的虚拟环境模型。

2. 实时三维图形生成和显示技术

　　三维图形的生成技术已比较成熟,而关键是如何"实时生成",在不降低图形的质量和复杂程度的前提下,如何提高刷新频率将是今后重要的研究内容。此外,VR还依赖于立体显示和传感器技术的发展,现有的虚拟设备还不能满足系统的需要,有必要开发新的三维图形生成和显示技术。

3. 新型人机交互设备的研制

　　虚拟现实技术实现人能够自由与虚拟世界对象进行交互,犹如身临其境,借助的输入/输出设备主要有头盔显示器、数据手套、数据衣服、三维位置传感器和三维声音产生器等。但在实际应用中,它们的效果并不理想,沉浸感不强,长时间观看会有眩晕的感觉。因此,改进技术,提升交互设备的精密度,尽力做到以人类最为自然的视觉、听觉、触觉和自然语言等作为交互的方式,有效提高虚拟现实的交互性效果和沉浸感。

4. 网络分布式虚拟现实技术的研究与应用

　　基于网络的分布式虚拟现实是今后虚拟现实技术发展的重要方向。它是可供多用户同时异地参与分布式虚拟环境,处于不同地理位置的用户如同进入到同一真实环境中。在技术实现上,基于网络的分布式虚拟现实系统不仅提供具有沉浸感的虚拟环境实时渲染和用户实时反馈,还应满足分布式仿真和协同工作等应用对共享虚拟环境的自然需求。随着5G技术的不断成熟,以及众多分布式虚拟现实开发工具的出现,网络分布式虚拟现实系统的应用也渗透到各行各业,包括医疗、工程、训练与教学以及协同设计。

分布式虚拟现实系统不需要相同应用领域重建仿真系统,不仅减少了研制费用和设备费用,而且减少了人员出差的费用以及异地生活的不适。在我国"863"计划的支持下,由北京航空航天大学、中国科学院计算所、中国科学院软件所和装甲兵工程学院等单位共同开发了一个分布虚拟环境基础信息平台,为我国开展分布式虚拟现实的研究提供必要的网络平台和软硬件基础环境。

1.4　虚拟现实技术的主要应用

虚拟现实技术改变了人机交互的形式,具有低成本、高安全性、形象逼真、可重复使用等优点,受到人们的高度关注,使其在人类活动的各个领域遍地开花、绚丽多彩。目前,虚拟现实技术已广泛深入到教育、研发与制造业、商业展示、娱乐等领域。预计未来将进入到家庭,直接与人们的生活、学习、工作密切相关。

1.4.1　教育培训

虚拟现实应用于教育是教育技术发展的一个质的飞跃。它实现了建构主义、情境学习的思想,营造了"自主学习"的环境,由传统的"以教促学"的学习方式代之为学习者通过自身与信息技术环境的相互作用来得到知识、技能的新型学习方式。

真实、互动的特点是虚拟现实技术独特的魅力。虚拟现实技术提供基于教学、教务、校园生活的三维可视化的生动、逼真的学习环境,例如虚拟实验、虚拟校园、技能培训等。使用者选择任意环境,并映射成自选的任意一种角色,通过亲身经历和体验来学习知识、巩固知识,极大地提高学生的记忆力和学习兴趣。此方法比传统的教学方式,尤其是空洞抽象的说教、被动的灌输,更具有说服力。

随着网络的发展,虚拟现实技术与网络技术提供给学生一种更自然的体验方式,包括交互性、动态效果、连续感以及参与探索性,构建一个网络虚拟教学环境,可以实现虚拟远程教学、培训和实验,既可以满足不同层次学生的需求,也可以使得缺少学校和专业教师,以及昂贵的实验仪器的偏远地区的学生能够学习。

相比于传统的教学,网络虚拟教学拥有以下优势。

(1) 在保证教学质量的前提下,极大地节省置备设备、场地等硬件所需的成本。

(2) 学生利用虚拟现实技术进行危险实验的再现,例如外科手术,免除了学生的安全隐患。

(3) 完全打破空间、时间的限制,学生可以随时随地进行学习。

目前,国内外许多学校和公司进行了虚拟教学、实验的研究,开发虚拟教学环境,并在部分中、小学和大学作为一种教学方法使用,其效果较明显。图 1-22 所示为虚拟的零件安装培训过程,学生通过佩戴数据手套和立体眼镜进行虚拟设备的安装。图 1-23 所示为洞穴式虚拟工程漫游,佩戴立体眼镜的学生在虚拟环境中详细里观察和修改工程设计。图 1-24 所示为思科公司的篮球馆。图 1-25 为天津职业技术师范大学的三维校园局部图。图 1-26 所示为基于 AR 的虚拟仪器的介绍、组装与连线。图 1-27 所示为第一人称虚拟驾驶培训界面。

图 1-22　虚拟的零件安装培训

图 1-23　洞穴式虚拟工程模型漫游

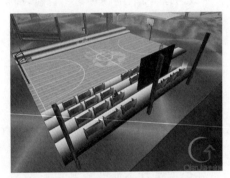

图 1-24　思科公司篮球馆

图 1-25　天津职业技术师范大学一角

图 1-26　器件的组装与连线 AR 培训

图 1-27　虚拟驾驶培训

除此之外,科学知识普及也是国家基础教育的一个方向。博物馆、科技馆、天文馆等分别开发了基于虚拟现实的科普类知识资源,也建造了用于虚拟演示的展览室。图 1-28 为北京天文馆的球幕剧场,用于展示浩瀚的宇宙世界,相关书籍、绘本和仪器等逐渐从平面转换为三维立体的。图 1-29 为基于 AR 技术的立体地球仪,当用户用手机或者平板扫描地球仪时,就会有相应的动物展示在地球仪上。

随着虚拟现实技术的不断发展和完善,以及硬件设备价格的不断降低,虚拟现实技术以其自身强大的教学优势和潜力,将会更加受到教育工作者的重视和青睐,并在教育、培训、科普等领域发挥其重要作用。

图 1-28　航空科普知识的三维展示

图 1-29　AR 地球仪

1.4.2　军事领域

军事领域研究是推动虚拟现实技术发展的原动力,目前依然是主要的应用领域。虚拟现实技术主要在军事训练和演习、武器研究两个方面广泛应用。

在传统的军事实战演习中,特别是大规模的军事演习,不但耗资巨大,安全性较差,而且很难在实战演习条件下改变战斗状况来反复进行各种战场势态下的战术和决策研究。例如,研究导弹舰艇和航空兵攻击敌机动作战舰艇编队的最佳攻击顺序、兵力数量和编成时,士兵演习和图上推演不可能得到有用的结果和可靠的结论。现在,使用计算机,应用 VR 技术进行现代化的实验室作战模拟,就能够像物理学、化学等学科一样,在实验室里操作,模拟实际战斗过程和战斗过程中出现的各种现象,增加人们对战斗的认识和理解,为有关决策部门提供定量的数据信息。在实验室中进行战斗模拟,首先需确定目的,然后设计各种试验方案和各种控制因素的变化,最后由士兵选择不同的角色控制进行各种样式的作战模拟试验。例如,研究导弹舰艇和航空兵攻击敌机动作战舰艇编队的最佳攻击顺序、兵力数量和编成时,可以通过方案和各种因素的变化,建立数学模型,在计算机上模拟各种作战方案和对抗过程,研究对比不同的攻击顺序,以及双方兵力编成和数量,可以迅速得到双方损失情况、武器作战效果、弹药消耗等一系列有用的数据。

虚拟军事训练和演习不仅不动用实际装备而使受训人员具有身临其境之感,而且可以任意设置战斗环境背景,对作战人员进行不同作战环境、不同作战预案的多次重复训练,使作战人员迅速积累丰富的作战经验,同时不承担任何风险,大大提高部队训练效果。图 1-30 所示为虚拟战场。

图 1-30　虚拟战场

　　武器设计研制采用虚拟现实技术,提供具有先进设计思想的设计方案,使用电脑仿真武器,并进行性能的评价,得到最佳性价比的仿真武器后,再投入武器的大批量生产。此过程缩短武器的研制周期,节约不必要的开支,降低成本,提高武器的性价比。图 1-31 所示为虚拟航空母舰,图 1-32 为虚拟枪支。

图 1-31　虚拟航母

图 1-32　虚拟枪支

1.4.3　医疗领域

　　传统的医疗科目教学都是使用教科书和供解剖用的尸体来供学生学习和练习,学生们较难得到用尸体练习解剖技术的机会。并且在对实际的生命体进行解剖练习时,较多细小的神经和血管是很难看到的。另外,一旦进行了切割,解剖体就被破坏,如果想要再次切割来进行不同的观察,则问题就变得较为复杂。虚拟现实技术可以弥补传统教学的不足,主要应用到解剖学和病理学教学、外科手术训练、复杂外科手术规划、健康咨询和身体康复治疗等方面。例如,在外科手术中,通过虚拟现实技术构建虚拟的人体模型,借助跟踪设备、感知数据手套,外科医生可以在上手术台之前进行练习,可以通过手术过程中的指引和帮助信息,对手术的各种风险进行预测,帮助医生顺利完成手术,实现病人的损伤降到最低,提高了手术的成功率。

　　医学专家也利用虚拟现实技术构建虚拟的"可视人",使用关键帧动画实现对身体的漫游。图 1-33 为人身体的胸部结构,包括心脏、肺和肋骨三部分,这三张图显示了三个器官的拆分过程。学生可以通过鼠标操作对胸部结构进行拆分和组装,并通过 360°旋转立体图形,详细浏览和了解每一部分内容。除此之外,学生可以在虚拟的病人身上反复操作,提高

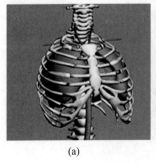

(a)

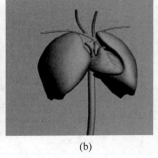

(b)

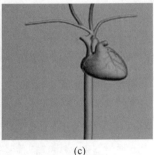

(c)

图 1-33　虚拟的人体胸部结构

技能,有利于学生对复杂的人体三维结构较好地理解。当然,也可以对比较罕见的病例进行模拟、诊断和治疗,减少误诊概率。

在远程康复治疗方面,利用虚拟现实技术,向病人展示日常生活中的各种情境,提供康复活动指令,监督康复病人的活动,减少病人独自在家康复的孤独感,实现更为愉悦的治疗方式。目前,美国斯坦福国际研究所已成功研制出远程手术医疗系统及整形外科远程康复系统。

1.4.4　文化艺术领域

虚拟现实是一种传播艺术家思想的新媒介,其沉浸与交互可以将静态的艺术转变为观察者可以探索的动态艺术,在文化艺术领域中扮演着重要角色。虚拟博物馆、虚拟文化遗产、虚拟画廊、虚拟演员、虚拟电影等都是当前虚拟现实成果。虚拟现实在文化艺术领域的应用主要包括名胜古迹、休闲娱乐以及影视 3 个方面。

1. 名胜古迹

虚拟现实展现名胜古迹的景观,形象逼真。结合网络技术,可以将艺术创作、文物展示和保护提高一个崭新的阶段。让身体不适或者远在异地等人,不必长途跋涉就可以通过互联网,在家中很舒适地选择任意路径遨游各个景点,乐趣无穷。图 1-34 为虚拟故宫,是我国较早的一个虚拟产品。图 1-35 为虚拟天坛,图 1-36 为虚拟的卢浮宫画廊。

图 1-34　虚拟故宫

图 1-35　虚拟天坛

图 1-36　虚拟的卢浮宫画廊

2010 年在上海举行的世博会的亮点之一就是网上世博会。它运用三维虚拟现实、多媒体等技术,设计世博会的虚拟平台,将上海世博会园区以及园区内的展馆空间数字化,用三维方式再现到互联网上,全球网民足不出户,就可以获得前所未有的 360°空间游历和 3D 互动体验。不仅向全球亿万观众展示各国的生活与文化,同时也展现了上海世博会的创新理念。例如网上世博,法国馆将“感性城市”的主题在虚拟空间中展现无遗。参观者只需单击鼠标就能在虚拟展馆中360°自由参观,图1-37为虚拟法国馆走廊,欣赏奥赛博物馆的经典名画和馆中美丽的法式园林,同时还能享受不可思议的3D互动体验,甚至"走进"高更的《餐点》等名家画作,如图1-38所示,"穿梭"其中并聆听作品介绍。喜欢3D互动游戏的参观者更可以与法国馆的吉祥物"乐乐"进行实时互动,在游戏中体验视觉、嗅觉、触觉、味觉、听觉等感官享受。由此,上海世博会也被称为"永不落幕"的世博会。

图1-37　虚拟的法国馆走廊

图1-38　虚拟的《餐点》名画

图1-39　埃及神庙

对于文化遗产,目前研究人员已经创建著名考古地、建筑物以及自然保护区等世界文化遗产的虚拟复制品。例如英国史前巨石柱、中国兵马俑、圆明园、巴黎圣母院等虚拟模型的制作。图1-39所示为埃及神庙。制作过程为:首先将文物实体通过影像数据采集手段,记录蓝图中显示不出的各种建筑细节,并作为材质纹理,再次进行光亮度测量,使用模型软件建立实物三维模型,并存入相应数据库,以及保存文物原有的各项形式数据和空间关系等重要资源,实现濒危文物资源的科学、高精度和永久的保存。其次,通过计算机网络来整合大范围内的文物资源,并且通过网络在大范围内利用虚拟技术更加全面、生动、逼真地展示文物,从而使文物脱离地域限制,实现资源共享,真正成为全人类可以"拥有"的文化遗产。图1-40(a)所示为圆明园中的西洋景区的原始图片,图1-40(b)所示为西洋景区的数字重建初步效果。

(a)原始图片

(b)重建初步效果

图1-40　西洋景区

2. 休闲娱乐

三维游戏既是虚拟现实技术最先应用的领域,也是重要的发展方向之一,对虚拟现实技术的快速发展起了巨大的需求牵引作用。电脑游戏从最初的文字 MUD 游戏,到二维游戏、三维游戏,再到网络三维游戏,游戏在保持其实时性和交互性的同时,逼真度和沉浸感正在一步步地提高和加强。当前的游戏都具有上百个场景,豪华的大场面制作,写实风格的地形地貌。整个画面精致,玩家在游戏的同时还可以欣赏到瑰丽的景色,景色会随着时间而变化,让玩家在不同的时间欣赏到不同的景色。除此之外,制作人员非常注重细节的雕琢,如动作的连贯性、人物的形象化等,完美的设计让游戏者完全沉浸于游戏的乐趣之中。图 1-41 所示为精致的《英雄联盟》的游戏画面。

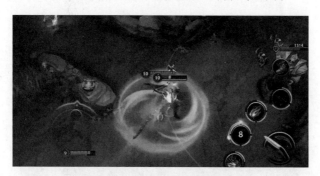

图 1-41 《英雄联盟》游戏画面

除了桌面式的三维游戏外,市场上的虚拟现实体验馆也吸引了各个年龄段的人前去体验。图 1-42 为基于虚拟现实的体验馆。用户借助头盔显示器和手柄,以自然的方式与场景进行交互,大大增强了游戏的真实感。图 1-43 为三维虚拟游戏效果图。目前,迪士尼、LucasArts、General Electric 等大企业投入大量资金和创意,都用于创造营利性的计算机游戏。

图 1-42 虚拟现实的体验馆

图 1-43 三维虚拟游戏的效果图

图 1-44 为健身的虚拟产品,三面的 CAVE(洞穴式)系统模拟了户外骑车的环境,用户骑车速度决定了场景的渲染速度。用户在骑车时,仿佛完全沉浸在户外的场景中。图 1-45 为体感游戏,通过设备实时追踪用户的手势和身体姿态,然后反馈给虚拟场景并做出响应,在这里,用户不用佩戴任何设备,仅仅在设备能够采集数据的区域即可。图 1-46 为环幕式的虚拟高尔夫球场,不仅能够实现高尔夫球的训练,而且能够节省土地资源,促进土地资源的有效利用。

图 1-44　基于 VR 的健身房

图 1-45　体感游戏

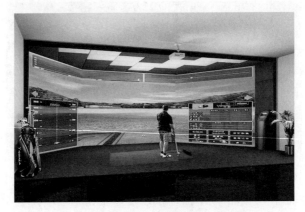

图 1-46　基于虚拟现实的高尔夫球场

3. 影视

三维立体电影对人的视觉产生了巨大的冲击力,是电影界划时代的进步。2010 年年初上映的电影《阿凡达》,场景气势恢宏,波澜壮阔,飘渺仙境,人间奇缘,让人久久不能忘怀。它的成功除了使用 3000 多个特效镜头外,还在于电影从平面走向了立体,整个拍摄过程使用新一代 3D 摄影机拍出立体感。图 1-47 为《阿凡达》场景,图 1-48 为《变形金刚》场景。

图 1-47　《阿凡达》场景

图 1-48　《变形金刚》场景

虚拟现实在三维立体电影中的应用主要是制造栩栩如生的人物、引人入胜的宏大场景,以及添加各种撼人心魄的特技效果。目前,三维立体电影技术比较成熟,每年都会有 3D 电影问世,例如《冰河世纪 3》《飞屋环游记》《功夫熊猫》等,人们一次次地被召唤到电影院,这表明虚拟的三维立体电影在电影界绽放出夺目的光彩。但是,其局限性是观看立体电影需要佩戴 3D 眼镜。由此,美国 RealD 公司已宣布,在不久的将来让观众摘下 3D 眼镜直接观看立体电影,届时观众观看 3D 立体电影会更加方便与舒畅,电影院也将真正给观众带来身临其境的氛围。星空与万丈深渊都会近在咫尺,电影院的魅力将会无限扩大和延伸,将会使电影工业得到更为长足的进步和拓展。

1.4.5 制造业

制造业展示产品从概念阶段到实际生产和销售的转变过程。消费者需要物美价廉、品种丰富的产品。各个公司竭尽脑汁提高生产的灵活性、缩短产品的开发时间并节约成本。虚拟现实的自然的多模态交互、适应性、远程共享访问等特点,对制造商具有很强的吸引力。

自 20 世纪 90 年代开始,使用虚拟现实技术的制造业——虚拟制造,得到迅速发展,目前已经广泛地应用到制造业的各个环节,对企业提高开发效率,加强数据采集、分析、处理能力,减少决策失误,降低企业风险起到重要的作用。

虚拟制造是采用计算机仿真和虚拟现实技术在分布技术环境中开展群组协同工作,支持企业实现产品的异地设计、制造和装配,是 CAD/CAM 等技术的高级阶段。利用虚拟现实技术、仿真技术等在计算机上建立的虚拟制造环境是一种接近人们自然活动的"自然"环境,人们的视觉、触觉和听觉都与实际环境接近。人们在这样的环境中进行产品开发,可以充分发挥技术人员的想象力和创造能力,相互协作发挥集体智慧,大大提高产品开发的质量和缩短开发周期。除此之外,对产品的销售和维护诊断等方面的服务也提供很大的支持。目前应用主要有产品的外形设计、布局设计、运动仿真、虚拟装配和虚拟样机等方面。汽车制造业就是其成果应用的范例。图 1-49 为马自达 6 汽车的三维产品,包括汽车流场、柴油机的起动性能、仿真碰撞试验等方面的显示。图 1-50 为基于 CAVE 系统的机械操作过程的虚拟展示,用户佩戴头盔显示器,在 CAVE 场景中观看机械操作过程。

图 1-49 汽车制造

图 1-50 机械操作的虚拟展示

1.4.6 商业

二维平面图像,交互性较差,已经不能满足人的视觉需要。虚拟现实技术的到来,以三维立体的表现形式全方位展示产品,得到更多企业和商家的青睐。

结合网络技术,企业利用虚拟现实技术将其产品的商业包装、展示、推广发布成网上三维立体的形式,展示出逼真的产品造型,通过交互体验演示产品的功能和使用操作,充分利用互联网高速迅捷的传播优势推广公司的产品。基于虚拟现实的交互特点,企业将产品销售展示做成在线三维的形式,顾客通过全方位浏览产品,对产品有更加全面的认识了解,决定购买的概率大幅增加,为销售者带来更多的利润。

图 1-51 所示为一个提供交互式在线营销服务网站 Zugara 的试衣间,用户通过计算机摄像头实现在线试衣。用户除了可以借助摄像头、让真人试穿外,还可以让用户通过输入一些身体数据,比如身高、体重、体形的,在线生成一个模拟人,与真人相互搭配,以保证试穿的效果更为精准,对用户更有参考价值。

图 1-51　虚拟试衣间

在商业领域,虚拟网络相当于一个形象的、体贴的、人性化的、永远彬彬有礼的网络导购人员,可以提供给顾客免费试用的永远不易损坏的三维产品。它使用 Web 3D 构建一个三维场景,用于网络虚拟现实产品的展示。人以第一视角在虚拟空间漫游穿梭,能够与场景进行交互,仿佛在现实世界中浏览一样完全沉浸在环境之中。这为虚拟商场、房地产商漫游展示、电子商务等领域提供了有效的解决方案。图 1-52 为某一房地产商制作的网上样板房,左边部分为房型图,单击房型图中的一房间,则在右图中动态显示其效果图。图 1-52(a)为客厅的一个视角,图 1-52(b)为餐厅的一个视角。图 1-53 为天津南京大排档饭店的全景图,图 1-53(a)为饭店门口的一个视角,图 1-53(b)为饭店堂食一角的虚拟效果。

(a) 客厅

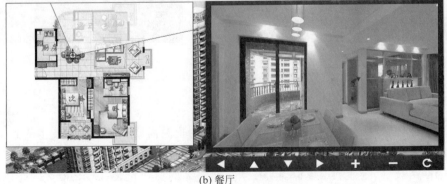

(b) 餐厅

图 1-52　样板房

(a) 饭店门口

(b) 饭店内部一角

图 1-53 饭店的虚拟全景图

第 2 章

人机交互设备

　　虚拟现实系统的硬件设备是沉浸于虚拟环境中的必备条件,图 2-1 所示为典型的基于头盔显示器的虚拟现实系统的硬件配置示意图,包括立体显示设备——头盔式显示器、空间立体声音播放设备——耳机、位姿跟踪设备——数据手套,以及触觉/力觉反馈装置等。这些设备创设的虚拟环境"看起来像真的、听起来像真的、摸起来像真的、嗅起来像真的、尝起来像真的",并提供各种感官刺激信号刺激人类做出各种反应动作。那么,这些设备产生怎样的信号才能够让人完全沉浸于环境中呢? 采用什么样的技术才能"欺骗"人的眼睛、鼻子、耳朵等器官呢? 这就需要对人的感官因素进行详细的研究,并在此基础上采用相应的技术设计硬件设备。例如,视觉显示设备为了实现人眼观察物体实体的三维立体效果,必须对人

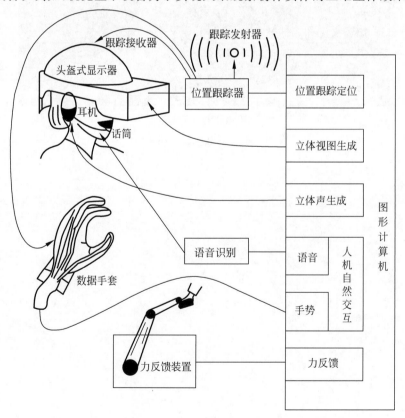

图 2-1　基于头盔显示器的虚拟现实系统硬件配置示意图

眼的结构进行详细研究。如何评价一个虚拟现实系统的性能,其主要体现在系统提供的接口与人配合的效果如何,这也考虑到人的感官因素。表 2-1 列出了人的感官器官所对应的各种接口设备。由此可见,在虚拟现实系统的设计与实现过程中,人起着决定作用。

表 2-1　人的感官器官对应的各种接口设备

人的感官	说　　明	接 口 设 备
视觉	感觉各种可见光	显示器或投影仪等
听觉	感觉声波	耳机、喇叭等
嗅觉	感知空气中的化学成分	气味放大传感装置
味觉	感知液体中的化学成分	
触觉	皮肤感知温度、压力、纹理等	触觉传感器
力觉	肌肉等感知的力度	力觉传感器

图形计算机是虚拟现实系统的硬件设备之一,通常称为虚拟现实的计算设备,主要功能是采集数据,实时计算并输出场景。为满足视觉、听觉、触觉的低延迟和快速刷新率的要求,图形计算机具有强健的体系结构,不仅能满足单个用户设计的仿真系统的使用,而且能为多个用户在单个 VR 仿真中以自然的交互方式使用。

2.1　显示设备

人的感知有 80% 来源于视觉,要实现虚拟现实的目的,必须考虑视觉因素,即如何让人的眼睛感觉所处的环境与自然界中的环境是一致的。

2.1.1　视觉因素

1. 立体视觉

当用户观察一幅非立体图像时,对于图像上的每一点,用户的左右双眼交于屏幕该点上。用户的视线都相交在一个平面上,不存在任何深度信息。因此,人所看到的图像和图形都是非立体的。而人类在观察客观世界时,左右双眼看到的是物体的不同部位,在大脑中产生空间距离感,真正地恢复物体的三维信息,形成立体视觉。

人们感觉到空间立体感,形成立体视觉主要是因为人类左右双眼的视野存在很大的重叠,通常将其称为双眼视觉或者立体视觉。人的双眼之间有 6~8cm 的距离,看同一物体,双眼会获得稍有差别的视图。人们的左右双眼视觉各有一套神经系统。人眼的两套神经系统在大脑前有一个交叉点,并且在交叉点后分开。进入眼睛的光线根据左右位置的不同分别进入交叉点后的左右神经。换句话说,对于每个眼睛,部分光线进入左神经、部分光线进入右神经,如图 2-2 所示。因此,在人脑中形成的图像是通过人脑的综合,产生一幅具有立体深度感的图像。

图 2-3 表示立体视觉的基本原理,两条平行虚线表示两眼光轴平行,相当于两眼注视远处。内瞳距(IPD)是两眼瞳孔之间的距离。两眼空间位置的不同,是产生立体视觉的原因。F 是距离人眼较近的物体 B 上的一个固定点。右图是两眼的视图说明,F 点在视图中的位置不同,这种不同就是立体视差。人眼可以利用这种视差,判断物体的远近,产生深度感。这就是人类的立体视觉,由此获得环境的三维信息。

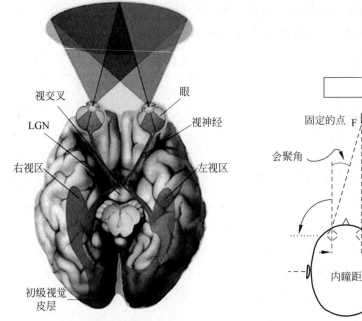

图 2-2 立体视觉形成原理图

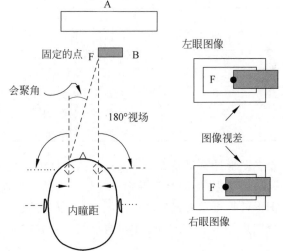

图 2-3 立体视觉的基本原理

人眼的另一种工作方式是注视近处的固定点 F,两眼的光轴都通过点 F,两个光轴的交角就是图中的会聚角。因为两眼的光轴都通过点 F,所以 F 点在两个视图中都在中心点上。这时,与 F 相比距离人眼更远或更近的其他点会存在视差。人眼也可以利用这种视差判断物体的远近,产生深度感。

2. 分辨率

分辨率是人眼区分两个点的能力,通常情况下,在 10m 距离上人眼能够分辨的距离为1.5~2mm。例如在 2m 的距离观看宽度 400mm 的电视时,人眼区分两个点的能力,在 2m距离上约 0.4mm,则宽度 400mm 上应该有 1000 个 0.4mm 大小的像素。计算机显示器和高清晰度电视机都达到了这样的分辨率。

3. 视觉暂留

视觉暂留是视网膜的电化学现象造成视觉的反应时间。其原理是:当人的眼睛看到一幅画面或一个物体后,在 1/24s 内不会消失。也就是如果每秒更替 24 幅或更多的画面,则前一幅画面在人脑中消失之前,下一个画面就会进入人脑,从而形成了连续的影像。

视觉暂留是电影、电视、动画、虚拟现实等显示的基础。临界融合频率(Critical Fusion Frequency,CFF)效果会产生把离散图像序列组合成连续视觉的能力,CFF 最低 20Hz,并取决于图像尺寸和亮度。英国电视帧频 25Hz,美国电视帧频 30Hz。电影帧频 24Hz。眼对闪烁的敏感正比于亮度,所以若白天的图像更新率为 60Hz,则夜间只要 30Hz。

4. 视场

视场是指人眼能够观察到的最大范围,通常以角度表示,视场越大,观测范围越大。视场通常从水平和垂直两个方向来说明,人眼正常的视场约为水平±100°,垂直±60°,而水平的双目重叠视场 120°。实际的全景显示产生水平±100°,垂直±30°视场,即可有很强的沉浸感。

视觉因素除了上面的因素外,还包括其他的因素,例如屈光度、瞳孔、明暗适应等,这些都会影响人眼形成立体图像。理想的视觉环境与日常生活中的场景对比,在质量、修改率和范围方面应该是无法区别的。但是当前技术还不支持这种高真实度的视觉显示。当前的显示技术主要考虑立体视觉、分辨率、视觉暂留和视场这四个视觉因素。即双眼提供具有微小视差的图像,显示的像素足够小(分辨率大),显示的频率足够高(连续画面)和足够大的视觉场景,才能达到身临其境的效果,随着技术的发展,必须认真评价各种显示特性,充分考虑人的视觉因素,提供理想的立体视觉效果,实现较强的视觉沉浸。

基于以上的视觉特性设计了较多的设备,这类设备称为显示设备。显示设备主要向用户实时提供立体视觉的场景,其关键技术是立体显示。根据立体视觉的基本原理,立体显示的实现通常采用四种方法:

1) 同时显示技术

同时显示技术是同时显示左右两幅图像,让两幅图像存在细微的差别,使双眼只能看到相应的图像。这种技术主要用在头盔显示器中。

2) 分时显示技术

分时显示技术是以一定的频率交替显示两幅稍微有偏移的图像。即在画面第一次刷新时播放左眼的画面,遮住右眼。下一次刷新时播放右眼的画面,遮住左眼。通常,为了保证每只眼睛只能看到各自相应的图像,通常与立体眼镜配合使用,也就是用户通过以相同频率同步切换的有源或无源立体眼镜来观看图像。

3) 光栅技术

光栅技术的基本原理是在显示器前端加上光栅,让左眼透过光栅时只能看到部分画面,右眼只能看到另外一半画面,即左右眼看到不同影像并形成立体图像,此时无须佩戴眼镜,也就是人们常说的裸眼三维显示。集成了光栅的显示器就是三维显示器,一般屏幕由两片液晶画板重叠组合而成,当位于前端的液晶面板显示条纹状黑白画面时,可显示三维图像。而当前端的液晶面板显示全白的画面时,不但可以显示三维的影像,也可如普通显示器一样显示二维图像。

4) 分光技术

分光技术主要是针对立体眼镜来说的。其基本原理是让不同的光进入不同的眼镜。利用偏振片实现分光的为偏振片眼镜,而利用镜片颜色实现分光的为滤色眼镜。进入不同眼睛的光形成有轻微偏移的不同画面,进而形成立体显示的效果。详细内容见 2.1.3 节。

以下各节分别简述用于立体显示的显示设备或显示系统。

2.1.2 头盔显示器

头盔显示器(Helmet Mounted Display,HMD)是专为用户提供虚拟现实中景物的彩色立体显示器,是目前较普遍采用的一种立体显示设备。通常用机械的方法固定在用户的头部,头与头盔之间不能有相对运动,当头部运动时,头盔显示器随着头部运动而运动。头盔利用位置跟踪技术,实时探测头部的位置和朝向,并反馈给计算机。计算机根据这些反馈数据生成反映当前位置和朝向的场景图像并显示在头盔显示器的屏幕上。通常,头盔显示器的显示屏采用两个 LCD 或者 CRT 显示器分别向两只眼睛显示图像,这两个图像由计算机分别驱动,两个图像存在着微小的差别,类似于"双眼视差"。大脑将融合这两个图像获得深度感知,得到立体的图像。

头盔显示器的立体视觉基本原理如图 2-4 所示。图 2-4(a)为单眼视觉的光学模型,根据凸透镜成像原理,实际显示屏上 A 像素的像是虚像屏上的 B 像素,可见虚像比屏幕离开眼睛更远。图 2-4(b)为立体视觉的光学模型。图中的一个目标点,在两个屏幕上的像素分别为 A_1 和 A_2。它们在屏幕上的位置之差,就是立体视差。这两个像素的虚像的像素分别为 B_1 和 B_2。经双目视觉的融合,用户看到的目标像素就在 C 点位置上。

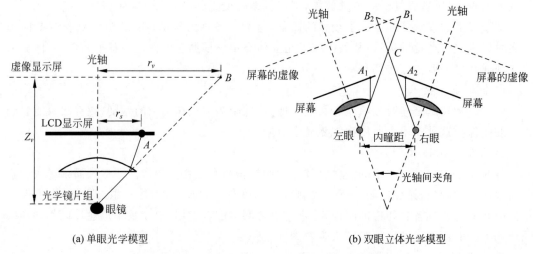

(a) 单眼光学模型　　　　　　　　　　　　　(b) 双眼立体光学模型

图 2-4　头盔显示器的立体视觉显示的光学模型

由于头盔显示器的显示屏幕离人的眼睛很近,因此,为了使眼睛聚焦于如此近的距离而不易产生疲劳,并且必须能够放大图像,向双眼提供尽可能宽的视野,就需要使用专门的镜片,例如 1989 年推出的 LEEP 镜片,为输出成像极其宽阔的透镜。除此之外,为了满足所有大小的瞳孔间距,将透镜的轴间距比成人瞳距的平均值稍小,目的是当看两个屏幕时便于双眼聚焦,降低头盔显示器的复杂度和成本。

对于 HMD 系统,除了光学透镜外,还需要显示器来显示具有视差的图像。目前显示器有很多,通常根据显示表面的不同,分为基于 LCD 的头盔显示器、基于 CRT 的头盔显示器和基于 VRD 的头盔显示器。

头盔显示器是不需要附加硬件就能完全环绕的单用户沉浸的显示系统。由于显示屏的不透明性,用户在观看时,只能看到显示在屏幕上由计算机生成的场景画面,而看不到外部世界,从而达到沉浸在计算机生成的虚拟世界中的效果。其显著优点是图像由计算机合成,分辨率较高、视觉范围大、色彩丰富,消除显示器定位系统引入的延迟,实现无缝全环绕。不足之处是重量和惯性的约束,易引起人的疲劳,以及随着增加头部惯性而增加运动眩晕症状;另外,高性能 HMD 价格高,在性能上有待进一步提高。

2.1.3　立体眼镜

立体眼镜显示系统的核心设备为立体图像显示器和立体眼镜,如图 2-5 所示,图 2-5(a)为基于红外传感器的立体眼镜显示系统,图 2-5(b)为基于超声波传感器的立体眼镜显示系统。每个用户佩戴一副立体眼镜来观看显示器。立体图像显示器通过专门设计,以两倍于正常扫描的速度刷新屏幕。计算机向显示器交替发送两幅有轻微偏差的图像采用分时显示技术。位于 CRT 显示器顶部的红外发射器与 RGB 信号同步,以无线的方式控制眼镜。红外控制器指导立体眼镜的液晶光栅交替地遮挡用户两只眼睛中的一只眼睛的视野。这样,大脑记录快速交替的左眼和右眼图像序列,并通过立体视觉将它们融合在一起,产生深度感知。

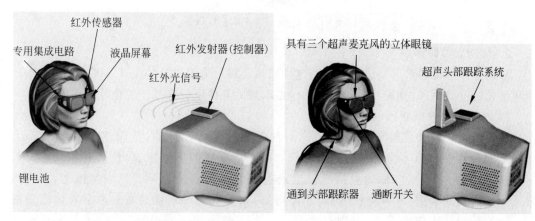

(a) 红外传感器　　　　　　　　　　　　　　　　(b) 超声波传感器

图 2-5　立体眼镜显示系统

立体图像显示器刷新频率的高低直接影响图像的稳定性,即显示图像是否会出现闪烁现象。典型的显示器刷新频率是 60Hz,用此频率来显示立体图像时,对应的左、右眼视图只能以每秒 30 帧的刷新频率显示在屏幕上,缺点是频繁出现闪烁现象,图像不稳定。因此,为了图像的稳定,左右眼视图的刷新频率保持 60Hz,采用两倍于 60Hz 的刷新频率的显示器。这种图像比基于 LCD 的 HMD 要清楚得多,而且长时间观察也不会令人疲倦。

立体眼镜是为了实现立体视觉而设计的用于双眼分别看到对应的左右视图的设备。目前,立体眼镜主要包括两种:有源立体眼镜和无源立体眼镜。有源立体眼镜又称为主动立体眼镜,无源立体眼镜又称为被动立体眼镜。

1. 主动立体眼镜

主动立体眼镜是利用电源主动控制眼镜的开关。通常立体眼镜的镜框上装有电池及液晶调制器控制的镜片。立体显示器有红外线发射器,根据显示器显示左右眼视图的频率发射红外线控制信号。液晶调制器接收红外线控制器发出的信号,通过调节左右镜片上液晶光栅来控制开或者关,即控制左右镜片的透明或不透明状态。当显示器显示左眼视图时,发射红外线控制信号至主动立体眼镜,使主动立体眼镜的右眼镜片处于不透明状态,左眼镜片处于透明状态。如此轮流切换镜头的通断,使左右眼睛分别只能看到显示器上显示的左右视图。有源系统的图像质量好,但价格昂贵,且红外线控制信号易被阻挡而使观察者工作范围受限。

图 2-6 为 Real D Stereographics CrystalEyes 5 快门主动立体眼镜。采用了 DLP Link 的同步技术,与 3D-ready DLP 显示设备同步运行,无须配备信号发射器,产品电源由按钮控制,有 3D/双频道模式,同时配有 LED 显示灯让使用者更加方便。

图 2-6　CrystalEyes 5 主动立体眼镜

2. 被动立体眼镜

被动立体眼镜通常需要借助某种物理性质来实现。最为常见的设计原理是光的偏振原理和色光的过滤原理,分别对应基于光的偏振原理的立体眼镜和基于滤色片的立体眼镜。

1) 基于光的偏振原理的立体眼镜

最为常见的被动立体眼镜是根据光的偏振原理进行设计的,其原理如图 2-7 所示。每一个偏振片中的晶体物质排列整体形成如同光栅一样的极细窄缝,使只有振动方向与窄缝方向相同的光通过,称为偏振光。当光通过第一个偏振片时就形成偏振光,只有当第二个偏振光片与第一个窄缝平行时才能通过,如果垂直则不能通过。通常立体眼镜的左右镜片是两片正交偏振片,分别只能容许一个方向的偏振光通过。图 2-8 为基于偏振片的立体眼镜。

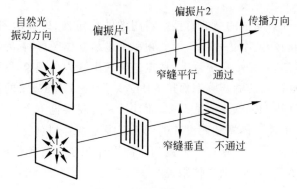

图 2-7　光的偏振原理

在立体眼镜显示器系统中,通常显示屏前安装一块与显示屏同样尺寸的液晶立体调制器,显示器显示的左右眼视图经液晶立体调制器后形成左偏振光和右偏振光,然后分别透过被动立体眼镜的左右镜片,实现左右眼睛分别只能看到显示器上显示的左右视图。由于被动立体眼镜价格低廉,且无须接收红外控制信号,因此适用于观众较多的场合。

2) 基于滤色片的立体眼镜

被动立体眼镜的镜片也可以是滤色片,利用滤色片能吸收其他的光线,只能让与滤色片相同色彩的光透过的特点来设计。常用的是红蓝滤色片眼镜,图 2-9 所示为 NVIDIA 的红蓝滤色片眼镜。其原理是在进行电影拍摄时,先模拟人的双眼位置从左右两个视角拍摄出两个影像,然后分别以红、蓝滤光片投影重叠印在同一画面上,制成一条电影胶片。放映时可用普通放映机在一般漫反射银幕上放映,观众佩戴红蓝滤色眼镜,使佩戴红镜片的眼睛只能看到红色影像,佩戴蓝色镜片的眼睛只能看到蓝色影像,从而实现立体显示。

图 2-8　基于偏振片的立体眼镜　　　　图 2-9　红蓝滤色片眼镜

佩戴舒适的立体眼镜产生的沉浸感弱于 HMD。因为立体眼镜提供的视场较小,使用者仅仅把显示器当作一个观看虚拟世界的窗口。如果使用者坐在距离显示宽度为 30cm 的显示器 45cm 处,显示范围只是使用者水平视角 180°中的 37°。然而,当投影角度为 50°时,VR 物体看起来是最好的。为实现视野放大,使用者与屏幕的最佳距离应根据显示宽度来确定。

目前,基于立体眼镜的显示系统最为常用。根据沉浸感的不同,分为 CAVE 立体显示系统、墙式立体显示系统、后面小节将分别进行简述。

2.1.4　CAVE 立体显示系统

CAVE 立体显示系统是使用投影系统,投射多个投影面,形成房间式的空间结构,如图 2-10(a)所示,使得围绕观察者具有多个图像画面显示的虚拟现实系统,增强了沉浸感。此系统首先由美国伊利诺伊大学芝加哥校区的电子可视化实验室发明,如图 2-10(b)所示。CAVE 系统是一个立方体结构,图中所示的版本有 4 个 CRT 投影仪:前面 1 个,左右侧各 1个,地面 1 个。每个投影仪都由来自一个 4 通道计算机的不同图形流信号驱动。3 个竖直的面板使用背投,投影仪旋转在四周的地板上,通过镜面反射图像。地面显示器上显示的图像由安装在 CAVE 上放置的投影仪产生,通过一个镜面反射下来。这个镜面与其他镜面叠加,以减少接缝处的不连续性;投影仪之间保持同步,以减少闪动。戴着立体眼镜的用户,能够看到一个非常逼真的三维场景,包括那些看上去好像是从地面中长出来的对象。

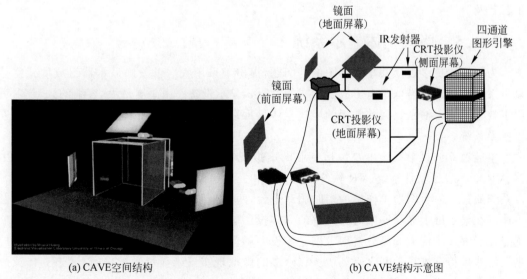

(a) CAVE空间结构　　　　　　　(b) CAVE结构示意图

图 2-10　带有 4 个投影仪的 CAVE 显示设备

CAVE 系统是一种基于多通道视景同步技术和立体显示技术的房间式投影可视协同环境,该系统可提供一个房间大小的四面、五面或者六面的立方体投影显示空间,供多人参与,所有参与者均完全沉浸在一个被立体投影画面包围的高级虚拟仿真环境中,借助音响技术(产生三维立体声音)和相应虚拟现实交互设备(如数据手套、力反馈装置、位姿跟踪设备等),获得一种身临其境的高分辨率三维立体视听影像和自由度交互感受。由于投影面几乎能够覆盖用户的所有视野,所以 CAVE 系统能提供给使用者一种前所未有的带有震撼性的身临其境的沉浸感受。

1999 年浙江大学计算机辅助设计与图形学国家重点实验室成功建成我国第一台四面 CAVE 系统,如图 2-11 所示。多个用户戴上主动式或被动式眼镜,他们视线所及的范围均为背投式显示屏上显示的计算机生成的立体图像,增强了身临其境的感觉。

CAVE 系统的优点在于提供高质量的立体显示图像,即色彩丰富、无闪烁、大屏幕立体显示、多人参与和协同工作,它为人类带来了一种全新的创新思考方式,扩展了人类的思维。通

图 2-11　浙江大学的四面 CAVE 系统

过 CAVE 系统人们可以直接看到自己的创意和研究对象。例如,生物学家能检查 DNA 规则排列的染色体链对结构并虚拟拆开基因染色体进行科学研究;理化学家能深入到物质的微细结构或广袤环境中进行试验探索;汽车设计者可以走进汽车内部随意观察。可以说, CAVE 可以应用于任何具有沉浸感需求的虚拟仿真应用领域,是一种全新的、高级的科学数据可视化手段。

CAVE 系统的缺点是价格昂贵,体积大,并且参与的人数有限,如果人数达到 12 人, CAVE 的显示设备就显得太小了。目前 CAVE 系统并没有标准化,兼容性较差,因而限制了其普及。

2.1.5　墙式立体显示系统

为了解决更多观众共享立体图像的问题,提出了采用大屏幕投影显示器组成墙式立体显示系统。此系统类似于电影放映形式的背投式显示设备。由于屏幕大,容纳的人数多,适用于教学和成果演示。目前常用的墙式立体显示系统包括单通道立体投影系统和多通道立体投影系统。

单通道立体投影系统主要包括专业的虚拟现实图形工作站、立体投影系统、立体发生器、VR 立体投影软件系统、VR 软件开发平台和三维建模工具软件等部分,如图 2-12 所示。该系统通过以一台图形工作站为实时驱动平台,两台叠加的立体专业 LCD 投影仪作为投影主体。在显示屏上显示一幅高分辨率的立体投影影像。与传统的投影相比,该系统最大的优点是能够显示优质的高分辨率三维立体投影影像,为虚拟仿真用户提供一个有立体感的半沉浸式虚拟三维显示和交互环境。在众多的虚拟现实三维显示系统中,单通道立体投影系统是一种低成本、操作简便、占用空间较小、具有极好性能价格比的小型虚拟三维投影显示系统,其集成的显示系统使安装、操作更加容易方便,被广泛应用于高等院校和科研院所

的虚拟现实实验室中。

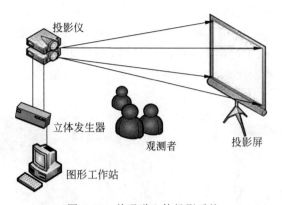

图 2-12　单通道立体投影系统

平面立体多通道虚拟现实投影系统是一种半沉浸式的 VR 可视协同环境。系统采用巨幅平面投影结构增强沉浸感，配备了完善的多通道声响及多维感知性交互系统，充分满足虚拟现实技术的视、听、触等多感知应用需求，是理想的设计、协同和展示平台。它可根据场地空间的大小灵活地配置两个、三个甚至是若干个投影通道，无缝地拼接成一幅巨大投影幅面、极高分辨率的二维或三维立体图像，形成一个更大的虚拟现实仿真系统环境。

环幕投影系统是采用环形的投影屏幕作为仿真应用的显示载体，具有多通道虚拟现实投影显示系统，如图 2-13 所示，具有较强的沉浸感。该系统以多通道视景同步技术、多通道亮度和色彩平衡技术，以及数字图像边缘融合技术为支撑，将三维图形计算机生成的三维数字图像实时地输出并显示在一个超大幅面的环形投影幕墙上，并以立体成像的方式呈现在观看者的眼前，使佩戴立体眼镜的观看者和参与者获得一种身临其境的虚拟仿真视觉感受。根据环形幕半径

图 2-13　环幕投影系统

的大小，通常有 120°、135°、180°、240°、270°、360°弧度不等的环幕系统。由于其屏幕的显示半径巨大，该系统通常用于一些大型的虚拟仿真应用，例如，虚拟战场仿真、数字城市规划、三维地理信息系统等大型场景仿真环境，近年来开始向展览展示、工业设计、教育培训、会议中心等专业领域发展。

2.1.6　裸眼立体显示系统

立体眼镜的佩戴使人观看立体显示受到了束缚。人们渴望无须佩戴专用眼镜即可观看立体影像。因此，裸眼立体显示系统势在必行。

自 20 世纪 90 年代以来，国内外众多科研与厂商开始逐步加大研制裸眼 3D 技术及产品的力度，在 2010 年上海举办的中国平板显示展会上，中国友达、信利和康得新等公司推出了多种型号的裸眼 3D 液晶面板，标志着真正意义的裸眼 3D 产品的诞生。自此以后，裸眼 3D 技术开始进入快速发展阶段，2011 年，日本东芝公司推出了两款小型裸眼 3D 电视机，

2012 年任天堂生产了支持裸眼 3D 显示的游戏机,2017 年韩国三星公司联合康得新公司发布了一款消费级裸眼 3D 笔记本。同一时期,国内众多科研机构和企业共同制定了中国首个裸眼 3D 行业标准,例如浙江大学、上海大学、四川大学、易微视、海信、长虹、康佳、TCL等,标志着国内裸眼 3D 技术的产业发展已经达到了一个新的阶段。图 2-14 为夏普公司生产的 3D 液晶彩色显示器。图 2-15 为成都某商场上展示的裸眼 3D 效果,仿佛真实的熊猫在街头问候大家。

图 2-14　夏普生产的 15 英寸
3D 液晶彩色显示器

图 2-15　户外的 3D 显示展示

裸眼 3D 显示技术是一种新兴的显示技术,结合双眼的视觉差和图像三维显示的原理,自动生成两幅图像,一幅给左眼看,另一幅给右眼看,使人的双眼产生视觉差异。目前的裸眼 3D 显示方式主要有两种:视差 3D 显示和真 3D 显示。图 2-16 为分类图。

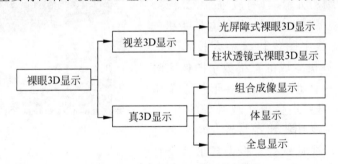

图 2-16　裸眼 3D 显示技术的分类

视差 3D 显示是基于双目视差的裸眼 3D 显示,主要包括光屏障式裸眼 3D 显示和柱状透镜式裸眼 3D 显示。

光屏障式裸眼 3D 显示,又称为狭缝光栅式裸眼 3D 显示,它是利用光栅屏障遮挡光路,将显示屏上像素点交替显示左右图像的像素,左眼视图像素通过视差屏障的间隙投射到左眼,右眼视图像素通过视差屏障的间隙投射到右眼。当观看者双眼正确处于左右眼视图对应的光学区域内时,将分别接收到来自左右眼视图的像素光线,进而在大脑中融合左右眼视图并形成 3D 效果,如图 2-17 所示。

柱状透镜式裸眼 3D 显示,又称为微柱透镜式裸眼 3D 显示,该技术的裸眼 3D 显示屏对光进行折射作用,从而实现左、右眼视差图像的控件分离,进而使观看者双眼能够分别接收到具有视差的视图从而产生立体视觉,如图 2-18 所示。

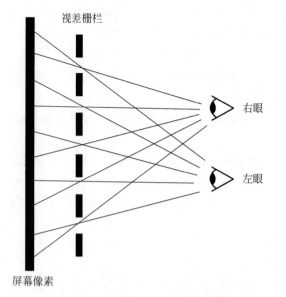

图 2-17　光屏障式裸眼 3D 显示

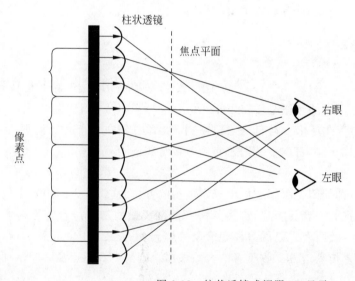

图 2-18　柱状透镜式裸眼 3D 显示

　　显示屏是由柱面透镜阵列组成,也就是由一组平凸的圆柱形透镜组成,称为"柱面透镜光栅"。柱面透镜光栅的功能在光学上类似于视差屏障屏幕,但是它是透明的,因此光学效率远高于狭缝光栅。柱面透镜光栅技术可以利用现有 2D 屏幕进行贴合,其实现相对简单,成本低,并且能够提供更好的亮度和更高的可能分辨率。

　　真 3D 显示主要是利用光学模组将光源发射的散射光调制为两个或多个方向的定向光,将前方 LCD 显示屏上同步刷新的图像投射观察者的左右眼中,由于严格约束了定向光的传播方向,使其能够观察到全分辨(分辨率不损失)、低串扰的 3D 图像。主要包括组合成像显示技术、体显示技术和全息显示技术。

　　组合成像显示技术包括采集和显示两个部分,立体图像采集时,拍摄物体发出的光线通过透镜阵列投射到记录物质上被记录。当立体图像显示时,根据光学可逆原理来重构出拍摄物体的图像信息。组合成像技术的优势在于能实现超多视点并提供多人观看,但其缺点也不容忽视,例如立体图像阵列的生成困难,硬件结构复杂,成本高等。

体显示技术作为裸眼立体显示技术的一个重要分支,多数是利用旋转结构或者快速往复运动结构,在极短的时间内制造出一系列发光像素点,利用人类视觉暂留效应实现立体显示。目前虽然已在医疗、军事等领域得到少量应用,但由于其结构复杂,仍处于实验室阶段。

全息显示技术是利用干涉和衍射原理通过激光照射被摄物体,在记录物质上记录被摄物体的全部信息,再用定向白光点光源照明可以在空间中再现物体真实的三维图像信息。虽然该项技术已经得到了数字化的发展,但目前还不够成熟,应用偏少,有待继续深入研究。

2.2 声音设备

为了获得更强的沉浸感和交互性,三维立体声音也是必不可少的。听觉信息是仅次于视觉信息的第二传感通道,人类从外界所获得的信息中有近 20% 是通过耳朵得到的。由此可见,听觉感知设备在虚拟现实中具有非常重要的作用。

2.2.1 听觉因素

1. 频率范围

人耳可感知的频率范围 20Hz～20kHz。随年龄增加,频率范围缩小,特别是高频段。其中,人耳平均分辨能力最灵敏的频段是 1～3kHz 的频率,当频率从 1kHz 变化到 1003Hz 时,耳朵就能够觉察出频率的变化。在低于 1kHz 时,人耳分辨能力略弱,需要变化约 10Hz,才能觉察到。而在 16～20kHz 这一频段时,人耳的分辨能力就更差。

2. 声音定位

在房间里看电视的人,即使闭上眼睛也能够确定电视的方位,这就是人的声音定位。人不仅能够听到直接来自电视的声音,还包括许多从房间四壁反射回来的声音。反射声音表面对声音起到过滤的作用。收听者自己的身体也会对声音产生过滤作用。最后,声音以极其细微的时间差或者强度差传入内耳。收听者的大脑根据听到的声音特点和时间来确定电视机的位置。

人类对声音的定位用来确定声源的方向和距离。根据跟踪人的头进行相关研究得出,一般情况人脑识别声源位置,是利用经典的"双工理论",即两耳收到的声音的时间差异和强度差异。时间差异是指声音到达两个耳朵的时间之差,即一个声源放在头的右侧测量声音到达两耳的时间,声音会首先到达右耳,若两耳路径之差为 20cm,则时间差 0.6ms。当人面对声源时,两耳的声强和路径相等。同理,基于声音到达两耳的强度上的差异就称为声音强度差异。强度差对高频率声音定位特别灵敏,而时间差对低频率声音定位相对灵敏。所以,只要到达两耳的声音存在时间差或者强度差,人就会判断出声源的方向。

3. 声音的掩蔽

一个较弱的声音(被掩蔽音)的听觉感受被另一个较强的声音(掩蔽音)影响的现象称为人耳的"掩蔽效应"。一般分为两种类型:频域掩蔽和时域掩蔽。

频域掩蔽是指掩蔽声与被掩蔽声同时作用时发生掩蔽效应,又称同时掩蔽,掩蔽声在掩蔽效应发生期间一直起作用,是一种较强的掩蔽效应。通常,频域中的一个强音会掩蔽与之同时发声的附近的弱音,弱音离强音越近,一般越容易被掩蔽;反之,离强音较远的弱音不容易被掩蔽。例如,一个 1000Hz 的音比另一个 900Hz 的音高 18dB,则 900Hz 的音将被 1000Hz 的音掩蔽。而若 1000Hz 的音比离它较远的另一个 1800Hz 的音高 18dB,则这两个音将同时被人耳听到。若要让 1800Hz 的音听不到,则 1000Hz 的音要比 1800Hz 的音高 45dB。一般情况,低频的音容易掩蔽高频的音。

时域掩蔽是指掩蔽效应发生在掩蔽声与被掩蔽声不同时出现时,又称异时掩蔽。异时掩蔽又分为超前掩蔽和滞后掩蔽。若掩蔽声音出现之前的一段时间内发生掩蔽效应,则称为超前掩蔽;否则称为滞后掩蔽。产生时域掩蔽的主要原因是人的大脑处理信息需要花费一定的时间。异时掩蔽也随着时间的推移很快会衰减,是一种弱掩蔽效应。一般情况下,超前掩蔽只有 5~20ms,而滞后掩蔽却可以持续 50~100ms。

4. 头部有关的传递函数

传统的计算机系统在产生立体声音时,通常就考虑上面的几个听觉因素。但这些声音的产生并没有考虑用户所在的位置。如果用户的头部移动,声音效果并不随之改变,这就破坏了听觉的真实感。在实际的虚拟现实系统中,用户会在一定的范围内移动。所以,必须考虑随着用户位置的变化,虚拟声源相对于耳朵的位置也应该发生变化,也就是考虑声源到耳内部的传递过程。

1974 年 Plenge 研究发现,通过改变进入耳朵的声音的形式,会产生外部的声音舞台的感觉。对于耳机(特别是插入式耳塞),使人感觉的声音舞台是内部的。如果耳机的左右通道能够人为地实时构成声音,便会让人感觉声音是产生在外部。为此需要知道声音的传播形态,也就是解释声源是如何传递到人耳内部的,通常称为由声源到耳内部的传递函数。此函数是把跟踪用户的头部位置得到的信息进行集成,通常称为"头部有关的传递函数" (Head-related Transfer Functions,HRTF)。它反映头和耳对传声的影响,不同的人有不同的 HRTF。但是已经有研究开始寻找对各种类型的人都通用,并且能提供足够好的效果的 HRTF。

HRTF 的测量方法是在一个声音隔绝的测量环境中,对空间每个位置设置一个声源,安放在耳中接近耳膜的小麦克风测量收到的信号。信号经过处理,补偿非线性频率响应,判断并得出声源到麦克风的 HRTF。

2.2.2 关键技术

听觉感知设备是实现虚拟现实中的听觉效果。在虚拟的环境中,为了提供听觉通道,使用户有身临其境的感觉,则需要设备进行模拟三维虚拟声音,并用播放设备生成虚拟世界中的立体声音。

相对于视觉显示设备来说,听觉感知设备相对较少,但是听觉感知设备对 VR 的体验也是相当重要的。在人的听觉模型中,听觉的根本就是三维声音的定位。所以,对于听觉感知设备其最核心的技术就是三维虚拟声音的定位技术。

1. 全向三维定位特性

全向三维定位特性是指在三维虚拟空间中把实际声音信号定位到特定虚拟声源的能

力。它能使用户准确地判断出声源的精确位置,从而符合人们的真实境界中的听觉方式。如同在现实世界中,人一般先听到声响,然后再用眼睛去看,听觉感知设备不仅可以根据人的注视方向,而且根据所有可能的位置来监视和识别信息源。一般情况下,听觉感知设备首先提供粗调的机制,用来引导较为细调的视觉能力的注意。在受干扰的可视显示中,用听觉引导人眼对目标的搜索要优于无辅导手段的人眼搜索,即使是对处于视野中心的物体也是如此,这就是声学信号的全向特性。

2. 三维实时跟踪特性

三维实时跟踪特性是指在三维虚拟空间中实时跟踪虚拟声源位置变化或场景变化的能力。当用户头部转动时,这个虚拟的声源的位置也应随之变化,使用户感到真实声源的位置并未发生变化。而当虚拟发生物体位置移动时,其声源位置也应有所变化。因为只有声音效果与实时变化的视觉相一致,才可能产生视觉和听觉的叠加与同步效应。如果听觉感知设备不具备这样的实时能力,看到的景象与听到的声音会相互矛盾,听觉就会削弱视觉的沉浸感。

2.2.3　相关设备

虚拟现实技术中所采用的听觉感知设备主要有耳机和扬声器两种。

1. 耳机

基于头部的听觉显示设备(耳机)会跟随参与者的头移动,并且只能供一个人使用,提供一个完全隔离的环境。通常情况下,在基于头部的视觉显示设备中,用户可以使用封闭式耳机屏蔽掉真实世界的声音。

根据安在耳上的方式,耳机分为两类:一类是护耳式耳机,用护耳垫连在耳朵上,如图 2-19所示;另一类是插入耳机(或耳塞),声音通过它送到耳中某一点,如图 2-20 所示。插入耳机可能很小,并封闭在可压缩的插塞中(或适于用户的耳模)放入耳道。耳机的发声部分一般情况远离耳朵,其输出的声音经过塑料管连接(一般内径 2mm),它的终端在类似的插塞中。

图 2-19　护耳式耳机

图 2-20　插入式耳机

由于耳机通常是双声道的,所以比扬声器更容易实现立体声和 3D 空间化声音的表现。耳机在默认情况下显示头部参照系的声音,即当 3D 虚拟世界中的世界应该表现为来自某个特定的地点时,耳机就必须跟踪参照者头部的位置,显示出不同的声音,及时表现出收听者耳朵位置的变化。与戴着耳机听立体声音乐不同,在虚拟现实体验中,声源应该在虚拟世界中保持不变。这就要求耳机具有跟踪参与者的头,并对声音进行相应过滤的功能。例如,在房间里看电视,电视的位置是用户的对面。如果戴上耳机,电视在用户的前面发出声音,如果转身,耳机需跟踪头的位置,并使用跟踪到的信息进行计算,使得这个声音永远固定在用户的前方,而不是相对于头的某个位置。

2. 扬声器

扬声器又称"喇叭",是一种十分常用的电声转换器件,它是一种位置固定的听觉感知设备。大多数情况下能很好地用于给一组人提供声音,但也可以在基于头部的视觉现实设备中使用扬声器。

扬声器固定不变的特性,能够使用户感觉声源是固定的,更适用于虚拟现实技术。但是,使用扬声器技术化创建空间化的立体声就比耳机困难得多。因为扬声器难以控制两个耳膜收到的信号,以及两个信号之差。在调节给定系统,对给定的听者头部位姿提供适当的感知时,如果用户头部离开这个点,这种感知就很快衰减。至今还没有扬声器系统包含头部跟踪信息,并用这些信息随着用户头部位姿变化适当调节扬声器的输入。

环绕立体声是使用多个固定扬声器表现 3D 空间化声音的结果。环绕立体声的研究一直在进行,最有名的使用非耳机显示的系统是 CAVE(伊里诺依大学开发)。它使用四个同样的扬声器,安在天花板的四角上,而且其幅度变化(衰减)可以仿真方向和距离效果。在正在开发的系统中,扬声器安在长方体的八个角上,而且把反射和高频衰减加入用于空间定位的参数中。这项技术的实现有一定的难度,主要是因为两个耳朵都能听到来自每个扬声器的声音。

2.3　位姿跟踪技术与设备

位姿跟踪技术是实现人与计算机之间交互的方法之一。它的主要任务是检测有关对象的位置、方位和姿态,并将其信息报告给虚拟现实系统。在虚拟现实系统中,用于跟踪用户的方式有两种:一种是跟踪头部位置与方位来确定用户的视点与视线方向,视点位置与视线方向是确定虚拟世界场景显示的关键;另一种即为最常见的应用,跟踪用户手的位置、方向和手势,而手的信息是带有跟踪系统的数据手套所获取的关键信息。带跟踪系统的传感器手套把手指和手掌伸屈时的各种姿势转换为数字信号送给计算机,然后被计算机识别、执行。

2.3.1　相关概念

位姿跟踪设备是利用相应的传感器设备在三维空间中对活动对象进行探测并返回相应的三维信息,通常称作三维位姿跟踪设备。其设计主要从 6 自由度和一些性能参数两方面来考虑。

1. 6 自由度

在理论力学中,物体的自由度是确定物体的位置所需要的独立坐标数,当物体受到某些限制时自由度减少。如图 2-21 所示,假如将质点限制在一条直线或一条曲线上运动,它的位置用一个参数可以表示,所以质点的运动只有一个自由度,即 i 为 1。假如将质点限制在一个平面或一个曲面上运动,位置由两个独立坐标来确定,它有两个自由度,i 为 2。假如质点在空间自由运动,位置由三个独立坐标来确定,i 为 3。

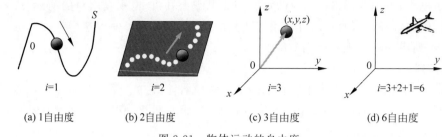

(a) 1自由度　　(b) 2自由度　　(c) 3自由度　　(d) 6自由度

图 2-21　物体运动的自由度

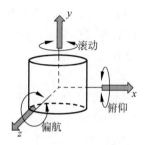

图 2-22　6 自由度示意图

物体在三维空间中运动时,其具有的 6 个自由度,i 为 6,包括三个平移运动方向和三个旋转运动方向。物体可以前后(沿 z 轴)、上下(沿 y 轴)和左右(沿 x 轴)运动,称为平移运动;另外,物体还可以围绕着任何一个坐标轴做旋转运动。借用飞机术语,这些旋转运动称为滚动(绕 y 轴)、偏航(绕 z 轴)和倾斜(绕 x 轴),如图 2-22 所示。由于这几个运动都是相互正交的,并对应于 6 个独立变量,即用于描述三维对象的 x、y、z、俯仰角、转动角和偏转角,因此,这 6 个变量通常称为六自由度。

当三维对象高速运动时,对位姿跟踪设备的要求是必须能够足够快地测量、采集和传送三维数据,这就意味着传感器无论基于何种原理和技术,都不应该限制或妨碍物体的自由运动。如果物体运动受到某些条件的限制,自由度会相应减少。

2. 位姿跟踪设备的性能指标

在虚拟现实系统中,对用户的实时跟踪和接受用户动作指令的交互技术的实现主要依赖于各种位姿跟踪设备,它们是实现人机之间沟通的极其重要的通信手段,是实时处理的关键技术。通常位置跟踪设备具有以下几个方面的性能参数。

1) 精度和分辨率

精度和分辨率决定一种跟踪技术反馈其跟踪目标位置的能力。分辨率是指使用某种技术能检测的最小位置变化,小于这个距离和角度的变化将不能被系统检测到。精度是指实际位置与测量位置之间的偏差,是系统所报告的目标位置的正确性,或者说误差范围。

2) 响应时间

响应时间是对一种跟踪技术在时间上的要求,它又分为 4 个指标,即采样率、数据率、更新率和延迟。

采样率是传感器测量目标位置的频率。现在大部分系统为了防止丢失数据,采样率一般都比较高。

数据率是每秒钟所计算出的位置个数。在大部分系统中,高数据率是与高采样率、低延迟和高抗干扰能力联系在一起的,所以,高数据率是人们追求的目标。

更新率是跟踪系统向主机报告位姿数据的时间间隔。更新率决定系统的显示更新时间。因为只有接收到新的位置数据,虚拟现实系统才能决定显示的图像以及整个的后续工作。高更新率对虚拟现实十分重要。低更新率的虚拟现实系统缺乏真实感。

延迟是所有响应时间指标中最有意义的一个。它表示从一个动作发生到主机收到反映这一动作的跟踪数据为止的时间间隔。虽然低延迟依赖于高数据率和高更新率,但两者都不是低延迟的决定因素。

3)鲁棒性

鲁棒性是指一个系统在相对恶劣的条件下避免出错的能力。由于跟踪系统处在一个充满各种噪声和外部干扰的实际世界,跟踪系统必须具有一定的鲁棒性。一般外部干扰可分为两种,一种称为阻挡(interference),即一些物体挡在目标物和探测器中间所造成的跟踪困难;另一种称为畸变(distortion),即由于一些物体的存在而使探测器所探测的目标定位发生畸变。

4)整合性

整合性是指系统的实际位姿和检测位姿的一致性。一个整合性能好的系统能始终保持两者的一致性。与精度和分辨率不同,精度和分辨率是指一次测量中的正确性和跟踪能力,而整合性能则注重在整个工作空间内一直保持位姿对应正确。虽然好的分辨率和高精度有助于获得好的整合性能,但累积误差会降低系统的整合能力,使系统报告的位姿逐渐远离正确的物理位置。

5)合群性

合群性反映虚拟现实跟踪技术对多用户系统的支持能力,包括两方面的内容,即大范围的操作空间和多目标的跟踪能力。实际跟踪系统不能提供无限的跟踪范围,它只能在一定区域内跟踪和测量,这个区域通常称为操作范围或工作区域。显然,操作范围越大,越有利于多用户的操作。大范围的工作区域是合群性的要素之一。多用户的系统必须要有多目标跟踪的能力,这种能力取决于一个系统的组成结构和对多边作用的抵抗能力。系统结构有许多形式,可以是将发射器安装在被跟踪物体上面的(所谓由外向里结构),也可以是将感受器装在被跟踪物体上的(所谓由里向外结构);系统中可以用一个发射器,也可以用多个发射器。总之,能独立地对多个目标进行定位的系统将有较好的合群性。

多边作用是指多个被跟踪物体共存情况下产生的相互影响,比如,一个被跟踪物体的运动也许会挡住另一个物体上的感受器,从而造成后者的跟踪误差。多边作用越小的系统,其合群性越好。

6)其他性能指标

跟踪系统的其他一些性能指标也值得重视,例如重量和大小。由于虚拟现实的跟踪系统是要用户戴在头上,套在手上。轻便和小巧的系统能使用户更舒适地在虚拟现实环境中工作。安全性指的是系统所用技术对用户健康的影响。

目前,用于位姿跟踪和映射的基本传感系统有机械链接、磁传感器、光传感器、声传感器和惯性传感器。每种技术各有优点,但不论选择何种技术,用户都会受到某些限制,有时对一些跟踪装置需要进行校准。

2.3.2　机械式位姿跟踪设备

机械式位姿跟踪设备是一种较古老的跟踪方式,由连杆装置组成。其工作原理是通过机械连杆上多个带有精密传感器的关节与被测物体相接触的方法来检测其位置变化。对于一个6自由度的跟踪设备,机械连杆必须有6个独立的机械连接部件,分别对应6个自由度,可将任何一种复杂的运动用几个简单的平动和转动组合来表示。如图2-23所示。

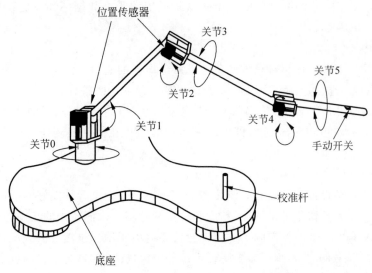

图 2-23　机械式跟踪设备的装置示意图

通常情况下,机械式位姿跟踪设备分为两类。一类是"安在身体上的"的机械式位姿跟踪设备。这类设备将机械全部安在身上,称为人体的外骨骼,用于关节角的测量。如果加上触觉接口,就形成了力反馈外骨骼。因为戴在身上,所以它是轻便的可移动。但如果身体运动,就要求使用其他方法跟踪身体运动。它们与肢体运动有同样的工作空间,因此可实现全范围的运动测量。其缺点是由于人体的软组织及在测量器和肢体间的相对滑动,使得安装和校准都很困难。另外,身体肩负着机械设备,容易感到疲劳。另一类是"安在地面上的"机械式位置跟踪设备。大自由度末端跟踪的机械部分,包括驱动器等安装在地面上。操作者牢固地抓住手操作器,或者头盔牢固地缚在头上就可以完成测量。其缺点是由于操作者被连在地面,工作空间受到限制。

机械式位姿跟踪设备是一种比较便宜、精确度较高和响应时间短的系统。它可以测量物体的整个身体运动,没有延迟,而且不受声、光、电磁波等外界的干扰。另外,它能够与力反馈装置组合在一起,因此在虚拟现实应用中更具魅力。但其缺点是比较笨重,不灵活,而且有惯性。由于机械连接的限制,其工作空间也受到一定的限制,而且工作空间中还有一块中心地带是不能进入的,俗称机械系统的死角。

2.3.3　电磁式位姿跟踪设备

电磁式位姿跟踪设备是利用磁场强度来进行位置和方位跟踪。一般来说,电磁式位姿跟踪设备包括发射器、接收器、接口和计算机。电磁场由发射器发射,接收器接收到这个电磁场后转换成电信号,并将此信号送到计算机,经计算机中的控制部件计算后,得出跟踪目标的数据。多个信号综合后可得到被跟踪物体的 6 个自由度数据。

根据发射磁场的不同,电磁式位姿跟踪设备可分为交流电发射器型与直流电发射器型。

交流电发射器由 3 个互相垂直的线圈组成,当交流电在 3 个线圈中通过时,产生互相垂直的 3 个磁场分量在空间传播。接收器也由 3 个互相垂直的线圈组成,当有磁场在线圈中变化时,就在线圈上产生一个感应电流,接收器感应电流强度与其距发射器的距离有关。通过电磁学计算,可产生 9 个感应电流(3 个感应线圈分别对 3 个发射线圈磁场感应产生 9 个电流)计算出发射器和接收器之间的角度和距离。交流电型发射器的主要缺点是易受金属物体的干扰。由于交变磁场会在金属物体表面产生涡流,使磁场发生扭曲,导致测量数据的错误,影响系统的响应性能。

直流电型发射器也由 3 个互相垂直的线圈组成,不同的是它发射的是一串脉冲磁场,即磁场瞬时从零跳变到某一强度,再跳变回零,如此循环形成一个开关式的磁场向外发射。感应线圈接受这个磁场,再经过一定的处理后,可得出跟踪物体的位置和方向。直流电型发射器能避免金属物体的干扰,因为磁场静止时,金属物体没有涡流,也就不会对跟踪系统产生干扰。

电磁式位姿跟踪设备的优点是不存在遮挡问题,接收器与发射器之间允许有其他物体,也就允许用户自由走动。相对于其他传感器,价格较低,精度适中,采样率高(可达 120 次/s),工作范围大(可达 $60m^2$),允许多个磁跟踪设备跟踪整个身体的运动,并且增加了跟踪运动的范围。其缺点是易受电子设备、铁磁场材料的干扰,可能导致磁场变形引起误差,测量距离加大时误差增加,时间延迟较大(达 33ms),有小的抖动。

电磁式位姿跟踪设备在测量物体时,将发射线圈和接收线圈其中之一固定,另一个固定安装在被测物体上,即可测量 3 个坐标,以及 3 个姿态角度。它主要用来测量头、手、其他设备的位姿。如果测量头的位置和方向时,将轻便的电磁接收器安装在头盔上,发射器安装在地面。如果测量手,安装与测量头类似,将接收器安装在数据手套上,电磁发射器安装在地面。

2.3.4 超声波位姿跟踪设备

超声波位姿跟踪设备一般采用 20kHz 以上的超声波,人耳听不到,不会对人产生干扰,目前是所有跟踪技术中成本最低的。它由 3 个超声发射器的阵列(由安装在天花板上的 3 个超声扬声器组成)、3 个超声接收器(由安装在被测物体上的 3 个麦克风组成),以及用于启动发射同步信号的控制器三部分组成。图 2-24 为用于头部跟踪的超声波位姿跟踪设备示意图。其中稳固的小三脚架上的 3 个麦克风安装在头盔显示器上面。当然,对于接收麦克风也可以安装在三维鼠标、立体眼镜和其他输入设备上。

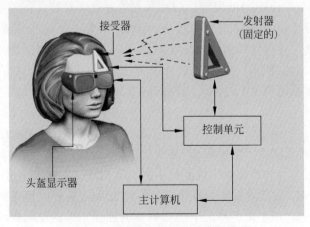

图 2-24 超声波头部跟踪设备示意图

　　根据不同的测量原理,超声波位姿跟踪设备的测量方法分为两种:飞行时间法(Time of Flight,TOF)和相位相干法(Phase Coherent,PC)。

　　飞行时间法是基于三角测量原理,周期性地激活各个发射器轮流发出高频的超声波,测量到达各个接收点的飞行时间,由此利用声音的速度得到发射点与接收点之间九个距离,再由三角运算得到被测物体的位置。为了精确测量,要求在发射器与接收器之间的同步,为此可以采用红外同步信号。为了测量物体位姿的 6 个自由度,至少需要 3 个接收器和 3 个发射器。为了精确测量,要求发射器与接收器的合理布局。一般把发射器安装在天花板的 4 个角上。

　　相位相干法的工作过程:在测量相位差的方式中,各个发射器发出高频的超声波,测量到达各个接收点的相位差来得到点与点的距离,再由三角运算得到被测物体的位置。声波是正弦波,发射器与接收器的声波之间存在相位差,这个相位差也与距离有关。这种测量方法是基于相对距离的,无法得知目标的绝对距离,每步的测量误差会随时间而积累。绝对距离必须在初始由其他设备校准。

　　超声波位姿跟踪设备的优点是简单、经济,不受电磁干扰,不受邻近物体的影响,轻便的接收器易于安装在被测物体上。缺点是工作范围有限,信号传输不能受遮挡,受到温度、气压等环境因素和环境反射声波的影响。飞行时间法有低的采样率和低的分辨率,容易受到噪声的干扰,易适应小范围内工作。相位差法每步的测量误差会随时间越来越大,需不断调整初始值。

2.3.5　光学式位姿跟踪设备

　　光学式位姿跟踪设备是通过光学感知来确定对象的实时位置和方向。光学式跟踪设备的测量与超声波位姿跟踪设备类似,是基于三角测量的。光学式位姿跟踪设备主要包括感光设备(接收器)、光源(发射器)以及用于信号处理的控制器。用于位姿跟踪的感光设备多种多样,例如普通摄像机、光敏二极管等。光源可以是环境光,也可以是结构光(如激光扫描),或使用脉冲光(如激光雷达)。为了防止可见光的干扰,通常采用红外线、激光等作为光源。

　　常用的光学式位姿跟踪设备分为 3 种,即从外向里看(outside-looking-in)的跟踪设备、从里向外看(inside-looking-out)的跟踪设备和激光测距光学跟踪设备。

　　如果跟踪设备的感知部件,如普通摄像机、光敏二极管或其他光传感器是固定的,并且用户身上装有一些能发光的灯标作为光源发射器,那么这种位姿跟踪设备称为从外向里看的跟踪设备,如图 2-25(a)所示。位姿测量可以直接进行,方向可以从位置数据中推导出。跟踪设备的灵敏度随着用户身上灯标之间距离的增加和用户与感知部件之间距离的增加而降低。

　　反之,从里向外看的跟踪设备如图 2-25(b)所示,是在被跟踪的对象或用户身上安装感知部件,通过感知部件观测固定的发射器,从而得出自身的运动情况,就好像人类通过观察周围固定景物的变化得出自己身体位置变化一样。它对于方向的变化是最敏感的,因此在 HMD 的跟踪中非常有用。另外,从里向外看的跟踪设备比从外向里看的跟踪设备更容易支持多用户作用,因为它不必去分辨两个活动物体的图像。但从里向外看的跟踪设备在跟踪比较复杂的运动时,尤其是像手那样的运动时就显得很困难,所以数据手套上的光学跟踪设备一般采用从外向内结构。

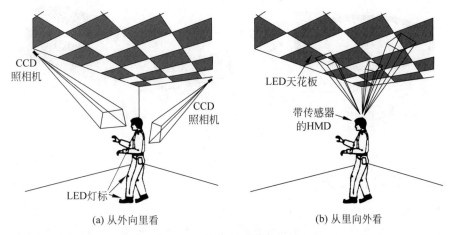

(a) 从外向里看　　　　　　　　(b) 从里向外看

图 2-25　光学跟踪器的布置

激光测距光学跟踪设备是将激光发射到被测物体，然后接收从物体上反射回来的光来测量位置。激光通过一个衍射光栅射到被跟踪物体上，然后接收经物体表面反射的二维衍射图信号。这种经反射的衍射图信号带有一定畸变，而这一畸变与距离有关，所以可用作测量距离的一种量度。像其他许多位置跟踪系统一样，激光测距系统的工作空间也受限制。由于激光强度在传播过程中的减弱和激光衍射图样变得越来越难以区别，其精度也会随距离增加而降低，但它无须在跟踪目标上安装发射/接收器的优点，使它具有潜在的发展前景。

由于光的传播速度很快，所以光学式位姿跟踪设备最显著的优点是速度快、具有较高的更新率和较低的延迟，适合于实时性强的场合。其缺点是要求畅通无阻，不能阻挡视线。它常常不能进行角度方向的数据测量，只能进行 x、y、z 轴上的位置跟踪。另外，其工作范围和精度之间存在矛盾。在小范围内工作效果好，随着距离变大，其性能会变差。一般通过增加发射器或增加接收传感器的数目来缓解这一矛盾，但会增加成本和系统的复杂性，会对实时性产生一定的影响。价格昂贵也是光学跟踪器的缺点，一般只在军用系统中使用。

2.3.6　惯性位姿跟踪设备

惯性位姿跟踪设备是通过盲推(dead reckoning)得出被跟踪物体的位姿，也就是说完全通过运动系统内部的推算，不涉及外部环境就可以得到位姿信息。

目前，惯性位姿跟踪设备由定向陀螺和加速度计组成。定向陀螺是用来测量角速度，如图 2-26(a)所示。将 3 个这样的陀螺仪安装在互相正交的轴上，可以测量出偏航角、俯仰角和滚动角速度，随时间的综合可以得到 3 个正交轴的方位角。加速度计用来测量 3 个方向上平移速度的变化，即 x、y、z 方向的加速度，它是通过弹性器件形变来实现，如图 2-26(b)所示。加速度计的输出需要积分两次，得到位置信息。角速度值需要积分一次，得到方位角信息。

惯性传感设备的优点是不存在发射源、不怕遮挡、没有外界干扰，有无限大的工作空间。缺点是快速累积误差。由于积分的缘故，陀螺仪的偏差会导致跟踪设备的方向错误随时间线性增加。加速度计的偏差也会导致误差随时间呈平方关系增加。

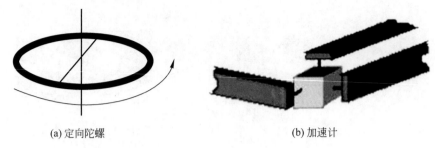

(a) 定向陀螺   (b) 加速计

图 2-26　惯性跟踪设备

2.3.7　混合位姿跟踪设备

为了解决惯性跟踪设备的偏差问题,以及达到更高的精度和更低的延迟,推出了混合位置跟踪设备。它是采用来自其他类型跟踪设备的数据,周期性地重新设置惯性跟踪设备的输出解决偏差问题。因为混合位姿跟踪设备是其他跟踪设备和惯性跟踪设备的结合,通常也称为混合惯性跟踪设备。典型的混合惯性跟踪设备由超声和惯性跟踪设备组成,包括安装在天花板上的超声发射器阵列、3 个超声接收器、用于超声信号同步的红外触发设备、加速度计和角速度计、计算机。混合位置跟踪设备的关键技术是传感器融合算法,如采用 Kalman 滤波。其过程是首先使用积分获得方向和位置数据,确保混合跟踪设备总体延迟比较低。其次,输出数据与超声测距的数据进行比较,估计偏差数量,并重置积分过程。如果背景噪声很大,距离数据将被拒绝。

使用混合位姿跟踪设备的优点是提高了更新率、分辨率及抗干扰性(由超声补偿惯性的漂移),可以预测未来运动达 50ms(克服仿真滞后),快速响应(更新率 150Hz,延迟极小),无失真(无电磁干扰)。缺点是工作空间受限制(大范围时超声不能补偿惯性的漂移),要求视线不受遮挡,受到温度、气压、湿度影响,6 维的跟踪要求 3 个超声接收器。

2.4　手姿捕捉

为了能较理想地感知人手的位置和姿态,也能感知每个手指的运动,要求 I/O 工具能处理手在一定空间的自由运动,具有更多的自由度去感觉单个手指的运动。经验可知,人的手指动作有"弯曲-伸直",侧向"外展-内收"(五指并拢和分开)和拇指动作"前位-复位"功能,前位使拇指与手掌相对,如图 2-27 所示。

传感手套是为满足上述要求而设计的虚拟现实工具。商业化的产品有 VPL 公司的 DataGlove,Vertex 公司的 CyberGlove,Mattel 公司的 PowerGlove 和 Exos 公司的 Dextrous Hand Master。它们都用传感器测量全部或部分手指关节的角度。

2.4.1　DataGlove(数据手套)

VPL 公司是最早开发数据手套的公司,其产品称为 DataGlove。目前,VPL 的数据手套应用最多、最广泛。数据手套由很轻的弹性材料 Lycra 构成,紧贴在手上,采用光纤作为传感器。手指的每个被测关节上都有一个光纤环,用于测量手指关节的弯曲角度。数据手

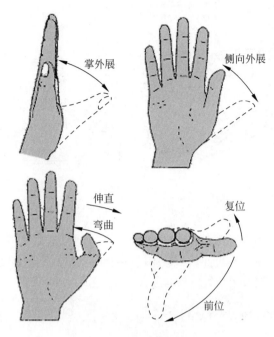

图 2-27 手和手指运动的术语

套的标准配置是每个手指背面安装两个传感器,以便测量主要关节的弯曲运动,一个传感器检测手指下部关节,另一个检测手指中间关节,如图 2-28 所示。一只数据手套装有 10 个传感器。数据手套还提供测量大拇指并拢与张开,以及前位与复位的传感器作为选件。选件体积小、重量轻,方便地安装在手套上。

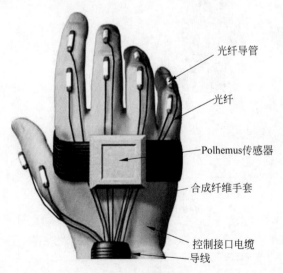

图 2-28 DataGlove

光纤环的一端与一发光二极管 LED 相连,作为光源端。另一端与一光敏晶体管相连,检测经光纤环返回的光强度,如图 2-29 所示。当纤维伸直时,传输的光线没有衰减,因为圆柱壁的折射率小于中心材料的折射率。当手指关节弯曲时,光纤壁改变其折射率,手指弯曲处的光线漏出。这样就可以根据返回光线的强度间接测量出关节的弯曲程度。

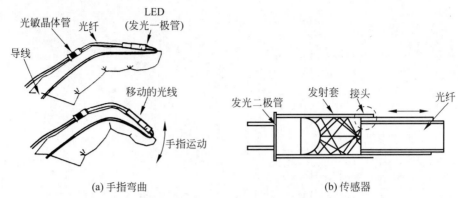

(a) 手指弯曲   (b) 传感器

图 2-29　DataGlove 的结构图

　　光纤传感器的优点是轻便和紧凑,用户戴上手套感到很舒适。为了适应不同用户手的大小,数据手套 DataGlove 有 3 种尺寸: 小号、中号和大号。但此手套每戴一次,需要进行手套校准(把原始的传感器读数变成手指关节角的过程)。这是因为用户手的大小不同,戴的习惯不同。

2.4.2　CyberGlove(赛伯手套)

　　CyberGlove(赛博手套)是一种复杂且昂贵的手套。其原理是把很薄的两片应变电测量片组成传感器,安装在弹性尼龙合成的手套关节处,如图 2-30(a)所示。每个关节的弯曲角由一对应变片的阻值变化间接测量,如图 2-30(b)所示。手指运动时,一个应变片处于压力作用下,另一个应变片处于张力作用下。它们的电阻变化通过电桥转变为电压的变化,

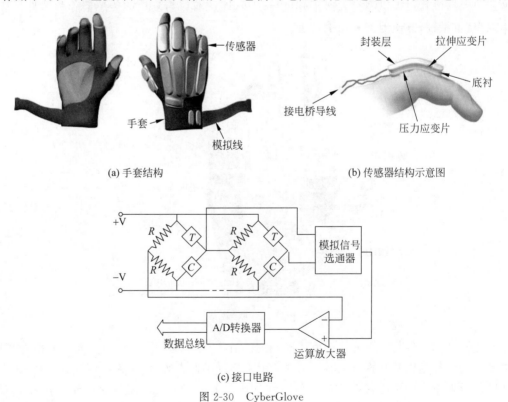

(a) 手套结构   (b) 传感器结构示意图

(c) 接口电路

图 2-30　CyberGlove

如图 2-30(c)所示。手套中电桥与传感器的个数一致，一般情况，手套中有 16~22 个传感器（每个手指 2~3 个、外展与内收每个手指 1 个，手腕的弯曲与翻转），也就是电桥有 16~22 个电桥。它们产生的不同电压被多路复用、放大、继而通过模/数转换器被数字化。传感器的手套数据通过 RS-232 串行线发送给主计算机进行处理。

CyberGlove 的传感器分辨率达到 $0.5°$，并在整个关节运动范围内保持不变。该手套具有去耦传感器，使得两个手套的输出互不干扰。传感器有两种形状，或者是矩形的，用于测量弯曲角度；或者是 U 形的，用于测量外展和内收角。为了透气性和方便用户的其他操作，手套的手掌区域和指尖部分不覆盖这种材料，所以，手套穿戴很舒适自如。除此之外，由于 CyberGlove 使用大量的传感器，具有良好的编程支持，并且可以扩展成更复杂的触觉手套，所以目前它已成为高性能手套测量仪器事实上的标准。

2.4.3　PowerGlove(动力手套)

PowerGlove(动力手套)为家庭视频游戏而设计，相对于 DataGlove 和 CyberGlove 等数据手套，PowerGlove 是很便宜的产品。

PowerGlove 价格是其他数据手套的几十分之一，其原因是手套设计使用了很多廉价的技术。手腕位置传感器是超声传感器，超声源放在计算机监视器上，而超声麦克风放在手腕上。弯曲传感器是导电墨水传感器。

导电墨水传感器的结构如图 2-31 所示，包括在支持基层上的两层导电墨水，墨水在黏合剂中有碳粒子。当支持基层弯曲时，在弯曲的外侧的墨水就延伸，造成导电碳粒子之间距离增加($L_2>L_1$)，传感器的电阻值随之增加($R_2>R_1$)。反之，当墨水受压缩时，碳粒子之间距离减小，传感器电阻值也减小。阻值数据经过简单的校准就转换成手指关节角数据。

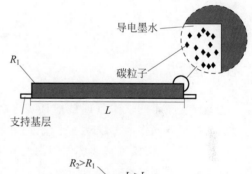

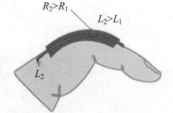

Power Glove 数据手套的缺点是精度低，传感能力有限，但其价格低廉吸引了很多用户，曾在 1989 年大量销售，主要用于基于手套的电子游戏。

图 2-31　导电墨水传感器的结构示意图

2.4.4　Dextrous Hand Master(灵巧手套)

1990 年 Exos 公司推出了 Dextrous Hand Master(简称 DHM 手套、灵巧手套)，是戴在用户手背上的金属外骨架结构，其结构示意图如图 2-32 所示。每个手指安装有 4 个传感器，5 个手指就有 20 个传感器安装在手的每个关节处。每个关节的角度是由安装在机械结构关节上的霍尔效应传感器测量。其结构设计很精巧，受手组织柔软性的影响很少。专门设计的夹紧弹簧和手指支撑保证在手的全部运动范围内设备的紧密配合。设备是用可调的 Velcro 带子安装在用户手上，附加的支撑和可调的杆使之适应不同用户手的大小。这些复杂的机械设计造成高成本，DHM 手套是至今最昂贵的传感手套。

DHM 手套的传感器信号送到信号调节盒,然后以 100 位置/s 的速率被连到用户接口的模/数转换器采集并数字化,传感器的手套数据进行校准后传输给机器人手进行相应的操作或者传送给数据存储器。

DHM 手套的优点是高速率、高分辨率和高精确度,常用于对 DHM 精度和速率要求较高的场合,其缺点是价格昂贵。

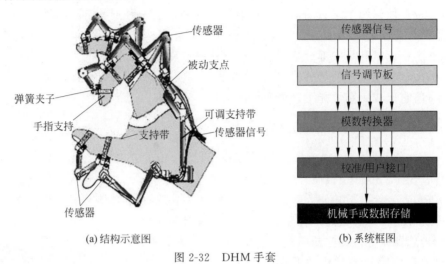

(a) 结构示意图　　　　　　　　(b) 系统框图

图 2-32　DHM 手套

2.5　运动捕捉

运动捕捉技术的工作原理是把真实人的动作完全附加到一个三维模型或者角色动画上。运动捕捉技术作为三维动画主流制作工具,在国外已得到业内的认可和应用。通常借助该技术,动画师们模拟真实感较强的动画角色,并与实拍中演员的大小比例相匹配,然后借助运动捕捉系统来捕捉表演中演员的每一细微动作和表情变化,并真实地还原在角色动画上,如图 2-33 所示。

图 2-33　基于运动捕捉的角色动画制作

2.5.1　历史发展

1887 年,动画之父 Eadweard Muybridge 用摄像机记录下了人体的运动序列图片,虽然这些图片并不是直观的人体运动数据,但还是被认为最早提出了运动捕捉的概念。1915

年,动画大师 Max Fleischer 研发了一种叫作"Rotoscope"的技术设备,并申请了专利。Rotoscope 通过一种特殊的放映机,将拍摄的胶片内容投影到一个表面比较粗糙的玻璃板上,作为动画描绘的底样,然后动画师以此为基础逐帧描绘出所需要的动作。1973 年,心理学家 Johansson 开展了著名的研究生物运动视觉感知的 MLD 实验。Johansson 在人体关节处附上反光标记,让观察者根据标记的轨迹鉴别运动,这就是运动捕捉技术的前身。

20 世纪 70 年代开始,由于动画制作行业快速发展的需求,人们开始探索通过运动捕捉技术改进动画的制作效果。1973 年迪士尼在制作《白雪公主》动画片时采用了 Rotoscope 技术,使动画人物看上去有和真人很相像的动作。纽约计算机图形技术实验室的 Rebecca Allen 设计了一种光学装置,采用和 Rotoscope 类似的实现原理,将一段真实演员跳舞的录像带投影到计算机屏幕上,利用它来对计算机制作的动画模型进行定位,使计算机制作出的舞蹈少女生成和真人相仿的动作姿势。在应用需求的推动下,运动捕捉技术吸引了越来越多的研究人员的目光。从 20 世纪 80 年代开始,国外多所研究机构就开展了人体运动捕捉的研究,包括美国 Biomechanics 实验室、Simon Fraser 大学、麻省理工学院等,并在此后迅速发展,逐步走向实用化。1988 年,SGI 公司开发了可捕捉人头部运动和表情的设备。至今,伴随着运动捕捉技术的发展和用户视觉观感的要求的提高,运动捕捉技术已经广泛应用于影视、游戏及动画制作领域,成为其中不可或缺的关键技术之一。例如,电影作品《阿凡达》《蜘蛛侠》、动画片《怪物史莱克》,以及各种运动游戏软件中人物的动作,都是运动捕捉技术应用在影视、动画及游戏制作中的成功范例。除了影视动画制作,微软等公司通过体感游戏机将运动捕捉技术成功应用于智能人机交互,使运动捕捉走向了个人用户,更紧密地影响着人们的生活。

2.5.2　运动捕捉系统的分类

根据捕捉的身体部位不同,运动捕捉技术可以细分为人体运动捕捉(捕捉大尺度的人体运动,包括头、躯干、四肢等)、手部运动捕捉(捕捉手掌和手指关节的运动)和面部运动捕捉(捕捉人脸肌肉的运动)。根据设备与人体接触的情况,粗略地将人体捕捉系统分为接触式和非接触式两大类。接触式的人体捕捉系统需要在运动目标身上的特定部位安装传感器或贴上特殊的标识点,用以向系统提供该部位在空间中的位置信息。通常,接触式运动捕捉的准确度高,但是设备昂贵,并且需要人穿戴,影响了人的运动轨迹。因此,价格低廉的非接触式运动捕捉成为新一轮的发展方向。非接触式运动捕捉通常使用单个或多个普通 CCD 摄像机、无须特殊设备或者穿戴标志,利用计算机视觉、图像处理、机器学习等多学科理论,自动从视频图像序列中检测、跟踪获得人体运动数据,包括整体平移位置和各关节的旋转角度。非接触式运动捕捉的系统智能化程度高,但是由于噪声干扰、背景多样性、遮挡和自遮挡等因素的影响,使得非接触式运动捕捉的研究成为一个具有挑战性的课题。

根据工作原理的不同,传统的运动捕捉系统可分为机械式、电磁式、光学式和惯性式四大类。最为常用的是光学式运动捕捉。它是在表演者的关键部位粘贴上一些主动发光或被动反光的标识点,在捕捉过程中利用多个高频摄像机对标记点进行检测和跟踪,并通过摄像机之间的几何关系求解标记点的空间位置,从而获得三维人体运动数据。这种运动捕捉系统表演者活动范围大,无电缆、机械装置的限制,但价格昂贵,后处理工作量大,装置定标也较为精细,并且对于表演场地的光照、反射情况均有一定的要求。较为知名的光学式运动捕捉系统有 Vicon、Motion Analysis 等。图 2-34 为整个身体运动捕捉,表演者身穿特制的表演服,关节部位如肩膀、肘、手腕等绑上光学感光球,通过对球的运动轨迹的捕捉,就可以完成人体整个运动的捕捉。图 2-35 为基于光学的面部表情运动捕捉,将面部的几个关键部位安装光感小球。图 2-36 为刚体的运动捕捉实例;图 2-37 为柔体的运动捕捉实例。

(a) 真人与模型的动作展示   (b) 人体的运动数据

图 2-34　跑步运动捕捉应用

(a) 不屑的表情   (b) 愤怒的表情

图 2-35　面部表情捕捉应用

图 2-36　刚体的运动捕捉应用   图 2-37　柔体的运动捕捉应用

　　惯性式运动捕捉系统是另一种常用的运动捕捉系统,其主要依赖地球重力和磁场。它通常包括一个内嵌了多个微型惯性传感器的捕捉服,对人体主要骨骼部位的运动进行实时测量。通过无线蓝牙技术将惯性传感器获取的方向信号及位置信号传送到数据处理设备,由数据处理设备解算出人体运动数据。由于惯性运动捕捉系统主要依赖于无处不在的重力和磁场,对场地条件没有过多的限制,甚至水下也可以使用。此外,惯性式运动捕捉无须外部摄像机或发射器等装置,避免了多余的数据传输或电源线对使用者的行为限制,较为灵活。但该类系统的缺点是位置数据会随时间产生漂移,为此一些公司采用了惯性运动捕捉与光学运动捕捉相结合的方式,利用光学运动捕捉不断重新校正惯性传感器的位置数据。目前较为知名的惯性动作捕捉系统有 3D Suit、Xsens Moven、Animazoo Gypsy、Measurand、Animazoo IGS 等。图 2-38 为 Xsens Moven 的动作捕捉。

2.5.3　关键技术

运动捕捉系统是一种用于准确测量运动物体在三维空间运动状况的高技术设备。它基于计算机图形学原理,通过排布在空间的数个视频捕捉设备将带有跟踪设备的运动物体的运动状况以图像的形式记录下来,然后使用计算机对该图像数据进行处理,得到不同时间计量单位上物体的不同点的空间坐标(x,y,z)。从技术角度来讲,运动捕捉系统实质是测量、跟踪、记录物体在三维空间中的运动轨迹。如图 2-39 所示,典型的运动捕捉设备一般由三部分组成。

图 2-38　Xsens Moven 的动作捕捉应用

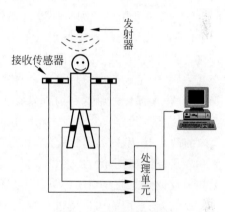

图 2-39　运动捕捉系统

接收传感器是固定在运动物体特定部位的跟踪装置,它将向系统提供运动物体运动的位置信息,一般会随着捕捉的细致程度确定传感器的数目。

处理单元负责处理系统捕捉到的原始信号,计算传感器的运动轨迹,对数据进行修正、处理,并与三维角色模型相结合。处理单元既可以是软件也可以是硬件,借助计算机对数据高速的运算能力完成数据的处理,使三维模型真正、自然地运动起来。

发射器负责捕捉、识别传感器的信号,并将运动数据从信号捕捉设备快速准确地传送到计算机系统。这种设备会因系统的类型不同而有所区别,对于机械系统来说是一块捕捉电信号的线路板,对于光学系统则是高分辨率红外摄像机。

2.6　触觉/力反馈交互设备

通常情况下,人们在看到一个物体的形状、听到物体发出的声音后,很希望亲手触摸物体来感知它的质地、纹理和温度等,从而获得更多的信息。同样,在虚拟环境中,人不可避免地希望能够与其物体进行接触,能够更详细、更全面地去了解此物体。通过触摸和力量感觉,能够提高动作任务完成的效率和准确度。如果在虚拟世界中,提供有限的触觉反馈和力反馈,就能够大大增强虚拟环境的沉浸感和真实感。根据对人类因素的实验发现,简单的双指活动,如果将触觉反馈和视频显示综合,其性能要比单独使用视频显示要提高10%;另外,当视频显示失败时,附加使用触觉反馈则会使性能提高30%以上。由此可见,触觉和力反馈在虚拟世界中也具有举足轻重的作用。

2.6.1　相关概念

触觉反馈也称为接触反馈,是指来自皮肤表面敏感神经传感器的触感,包括接触表面的几何结构、表面硬度、滑动和温度等实时信息。力反馈是指身体的肌肉、肌腱和关节运动或收紧的感觉,提供对象的表面柔顺性、对象的重量和惯性等实时信息。它主要抵抗用户的触摸运动,并能阻止该运动。

触觉和力反馈是人类感觉器官的重要组成部分,是通过传送一类非常重要的感官信息,帮助用户利用触觉来识别环境中的对象,并通过移动这些对象执行各种各样的任务。一般分为两类:一类是在探索某个环境时,利用触觉和力信息去识别所探索对象以及对象的位置和方向;另一类是利用触觉和力去操纵和移动物体以完成某种任务。

触觉反馈和力反馈是两种不同形式的力量感知,两者不可分割。当用户感觉到物体的表面纹理时,同时也感觉到了运动阻力。在虚拟环境中,触觉和力反馈都是使用户具有真实体验的交互手段,也是改善虚拟环境的一种重要方式。

对于人而言,大部分的触觉和力都来自手和手臂,以及腿和脚。但是感受密度最高的应属于指尖,指尖能够区分出距离2.5mm的两个接触点。而人的手掌却很难区别出距离11mm以内的两个点,用户的感觉就像只存在一个点。因此,触觉和力反馈装置中,一般是以手指为主要研究的触觉和力反馈设备。

触觉和力反馈与前面介绍的视觉、听觉反馈结合起来,可以大大提高仿真的真实感。没有触觉和力反馈,就不可能与环境进行复杂和精确的交互。在虚拟现实交互中,也没有真实的被抓物体。所以,对虚拟接触反馈和力反馈提出以下要求。

1. 实时性要求

为实现真实感,虚拟触觉反馈和力反馈需要实时计算的接触力、表面形状、平滑性和滑动等。

2. 安全性保障

安全问题是触觉反馈和力反馈的首要问题。触觉反馈和力反馈设备需要对手或者人体的其他部位施加真实的力。一旦发生故障,就会对人体施加很大的力,可能伤害到人。因此要求有足够的力度让用户感觉到,同时又不能太大伤害到用户。所以,通常要求这些装置具有故障安全性,即一旦计算机或装置出现故障,用户也不会受伤,整个系统仍然是安全的。

3. 轻便和舒适

在这种设备中,如果执行机械太大且太重,则用户很容易疲劳,也增加系统的复杂性和价格。轻便的设备可便于用户携带使用和现场安装。

2.6.2　触觉设备

目前,限于技术的发展水平,成熟的商品化的触觉反馈装置只能提供最基本的"触到了"

的感觉,无法提供材质、纹理、温度等感觉。另外,触觉反馈装置仅局限于为手指触觉反馈装置。按照触觉反馈的原理,手指触觉反馈装置可以分为5类:基于视觉式、充气式、振动式、电刺激式和神经肌肉刺激式的装置。

基于视觉的触觉反馈是基于视觉来判断是否接触,即是否看到接触。这是目前虚拟现实系统普遍采用的方法。通过碰撞检测计算,在虚拟世界中显示两个物体相互接触的情景。由此可见,基于视觉的触觉反馈事实上不应该属于真正的触觉反馈装置,因为用户的手指头根本没有接收到任何接触的反馈信息。

基于电刺激式的触觉反馈是通过生成电脉冲信号刺激皮肤,达到触觉反馈的目的。另一种神经肌肉刺激式也是通过生成相应刺激信号,去刺激用户相应感觉器官的外壁。由于这两种装置有一定的危险性,不安全,在这里不予讨论。

本节主要简述较为安全的触觉反馈装置充气压力式和振动触感式的反馈器。

1. 充气式触觉反馈装置

充气式触觉反馈装置的工作原理是在数据手套中配置一些微小的气泡,每一个气泡都有两条很细的进气和出气管道,所有气泡的进/出气管汇总在一起与控制器中的微型压缩泵相连接。根据需要采用压缩泵对气泡充气和排气。充气时,微型压缩泵迅速加压,使气泡膨胀而压迫刺激皮肤达到触觉反馈的目的。

图2-40所示是一种充气式触觉反馈装置(Teletact手套)的原理图。Teletact手套由两层组成,两层手套中间排列着29个小的空气袋和1个大的空气袋,便于分散接触。大气泡安装在手掌部位,使手掌部位亦能产生接触感。当加压到30磅/平方英寸时,它抵抗用户的抓取动作,提供对手掌的力反馈。此外,在食指指尖、中指指尖和大拇指指尖这3个灵敏手指部位配置了更多的气泡(食指指尖配置了4个空气袋的阵列,中指指尖有3个,大拇指指尖有2个),其目的是仿真手指在虚拟物体表面上滑动的触感,只需逐个驱动指尖上的气泡就给人一种接触感。

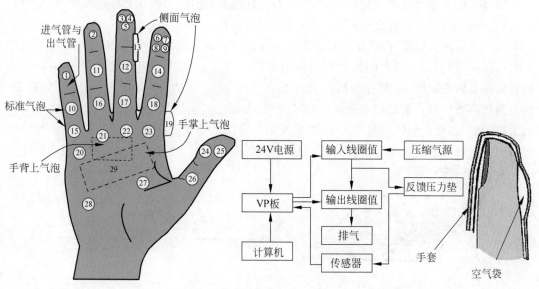

图2-40 充气式触觉反馈装置

但是膨胀气泡技术存在一些固有的困难：①在制作数据输入手套时,很难设计出一种适合于所有用户的设备；②硬件使用麻烦,难于维护,非常脆弱,填充和排空气泡的响应时间很慢,特别是基于气压的系统更是如此。由于这些固有的缺点导致了 Teletact 系列手套不再生产。

2. 振动式触觉反馈装置

振动式触觉反馈装置是通过将振动激励器集成在手套输入设备中。典型的两种为探针阵列式和轻型形状记忆合金的振动触觉反馈设备。

1) 探针阵列式振动触觉反馈设备

探针阵列式振动式触觉反馈装置的工作原理是利用音圈(类似于扬声器中带动纸盒振动的音圈)产生的振动刺激皮肤达到触觉反馈的目的。这一装置的原理是在传感手套中把两个音圈装在拇指和食指的指尖上,音圈由调幅脉冲驱动,接收来自 PC 仿真触觉的模拟信号的调制,模拟信号经功率放大后送音圈。

20 世纪 90 年代,EXOS Inc. 发布了一个使用声音线圈的新产品,称为"The Touch Master"(接触设备)。它有 6～10 个声音线圈,以 210Hz 的固定频率激励,可以任意改变反馈信号的频率和幅度。

即使没有空间分布的信息,声音线圈也提供性能的改进(由于其结构,声音线圈的振动盘不能仿真单个指尖上的不同的接触点)。提供这种空间信息的一种技术是使用微针阵列,类似于 Braille 显示器所用的阵列。这些显示器是小针或空气喷嘴的阵列,它们可以被激励,以压迫用户的指尖。但是,这些设备还太重,尚不能用于虚拟现实的接触反馈。

2) 轻型形状记忆合金的振动触觉反馈设备

另一种振动式触觉反馈装置的系统是采用轻型的记忆合金(Shape Memory Metal, SMM)作为传感器的装置。Johnson 取得专利制造出一种轻型"可编程接触仿真器",其使用轻型的形状记忆合金(SMM)驱动器,从而减少重量。

形状记忆合金是锌铁记忆合金,当记忆合金丝通电、加热时,因焦耳效应发射,合金将收缩,当电流中断时,记忆合金丝冷却下来,恢复原始形状。

为了产生触觉的位置感,把微型触头排列成点阵形式,如图 2-41(a)所示。每一触点都是可编程控制的。图 2-41(b)是微型触头的结构示意图。由图可见,微型触头是由一条弯成直角的金属条制成,通常称为拉长的悬臂梁,一端向上弯曲 90°,另一端固定在底板上。在直角拐弯处焊有一条记忆合金丝(SMM 线)。当记忆合金丝通电加热时,产生收缩,从而向上拉动触头,弯曲悬臂梁角度为 θ,使悬臂梁弯曲端上的塑料帽触头顶出表面,接触手指皮肤而产生触觉感知。当电流中断时,记忆金属丝冷却下来,悬臂梁把触头收回驱动器阵列

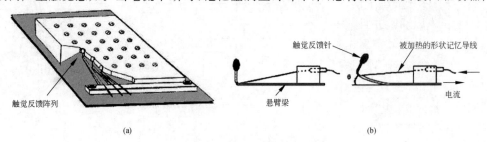

(a)　　　　　　　　　　　　　　　(b)

图 2-41　记忆合金触觉反馈装置

内,恢复原状。由于每个触头都是单独编程控制的,如果顺序地进行通/断控制,就可以使皮肤获得在物体表面滑动的感觉。

对触头阵列的控制有两种方式,即时间控制方式和空间控制方式。按时间方式控制全部触头的导通和断开,产生触头周期的起伏效果,在指尖上造成振动感,达到触觉反馈的目的。按空间方式控制触头意味着空间位置不同的触头可独立控制,以便传达接触表面的形状。如果控制触头按行顺序导通/断开,将得到触头按行顺序接触皮肤达到触觉按行顺序传递的感觉,即类似于手指在表面滑动的那种触觉。

与充气式触觉反馈装置相比,记忆合金反应较快,通常适合在不连续、快速的反馈场合使用。

2.6.3　力反馈设备

力反馈设备是运用先进的技术手段跟踪用户身体的运动,将其在虚拟物体的空间运动转换成对周边物理设备的机械运动,并施加力给用户,使用户能够体验到真实的力度感和方向感,给用户提供一个即时的、高逼真的、可信的真实交互。在实际应用中常见的力反馈设备有力反馈鼠标、力反馈操纵杆、力反馈手臂以及力反馈手臂。

1. 力反馈鼠标

力反馈鼠标 FEELit Mouse 是给用户提供力反馈信息的鼠标设备。用户使用力反馈鼠标像使用普通鼠标一样移动光标。当使用力反馈鼠标时,光标就变成了用户手指的延伸。光标所触到的任何东西,感觉就像用户用手触摸到一样。它能够感觉到物体真实的质地、表面纹理、弹性、液体、摩擦、磁性和振动。例如,当用户移动光标进入一个虚拟障碍物时,这个鼠标就对人手产生反作用力,阻止这种虚拟的穿透。因为鼠标阻止光标穿透,用户就感到这个障碍物像一个真的硬物体,产生与硬物体接触的幻觉。

这些类似鼠标的力反馈鼠标,可以让计算机用户真实地感受到 Web 页面、图形软件、CAD 应用程序、甚至是 Windows 操作界面。当用户上网购物时,只要把光标移动到某项商品上,反馈器就能模拟出物品的质感并反馈给用户。但为了保证鼠标发挥作用,网络商店必须在自己的商品链接上加装相对应的软件来响应鼠标。图 2-42 所示为 Logitech 公司生产的力反馈鼠标 Wingman。

图 2-42　力反馈鼠标 Wingman

力反馈鼠标只提供了两个自由度,功能范围有限,限制了它的应用。并且其所对应的软件,例如网络软件、绘图软件等,都不尽人意,需进一步提高。目前,力反馈鼠标主要用在娱乐领域,例如游戏。

2. 力反馈操纵杆

力反馈操纵杆装置是一种桌面设备,结构简单、重量轻、价格低和便于携带是它的优点。图 2-43 所示为 1993 年 Schmult 和 Jebens 发明的"高性能力反馈操纵杆"示意图。它有一个操纵杆架在两个驱动轴上,每一链杆上有一可调整轴承,提供旋转和滑动,其目的是补偿两个马达轴不能精确成直角相交。链杆与电位计相连,而电位计则由精密轴承支撑。两个马达有四极永磁转子,直接安装在电位计轴上。操作杆以伺服方式工作,也可用作位置输入工具(相对或绝对)。由于其具有较高带宽,可以产生许多力和接触感,如恒定力、脉冲、振动和刚度变化。

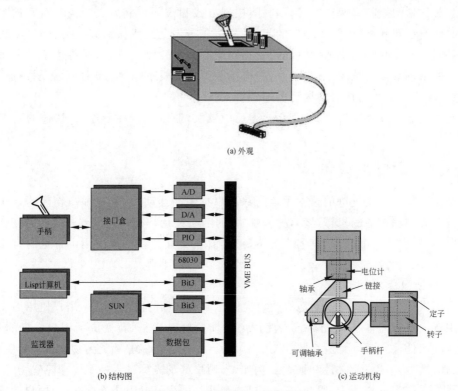

(a) 外观

(b) 结构图

(c) 运动机构

图 2-43　高性能力反馈操作杆

目前已经有很多非常简单、比较便宜的力反馈操纵杆,这些设备自由度比较小,外观也比较小巧,能产生中等大小的力,有较高的机械带宽。比较具有代表性的例子如图 2-44 所示的瑞士罗技公司研制的 Wingman Strike Force 3D。其支持 9 个可编程按钮,以及 USB接口和外加电源,在 Windows 任何系统下都可以使用。

Cyborg evo Force 力反馈摇杆是 Saitek 公司的杰作,如图 2-45 所示。采用 Immersion最真实、最完全的力反馈技术(Full Force Feedback),加之独特的辅助矫正回中设计,更具临场真实感。

图 2-44　罗技公司的力反馈操作杆　　　　图 2-45　Cyborg evo Force 力反馈摇杆

3．力反馈手臂

力反馈手臂是较简单的力反馈设备。它只有 3 个自由度，功能有限。为了增加仿真的灵活性，力反馈手臂的仿真接口有一定的改进。

早期对力反馈手臂的研究是为控制远程机器人而设计的，比较笨重，如图 2-46(a)所示，该传感器有 6 个自由度，由这个传感器测量手臂传递给操作者的力和力矩。图 2-46(b)是一种专门为虚拟现实系统而设计的力反馈手臂装置，称为 Master Arm。该力反馈手臂设计精巧，有 4 个关节的铝制操作器，即 4 个自由度。它用线性位置传感器跟踪柱面关节的运动，气动的气缸把反馈力矩加于关节上，压力传感器再进行控制传输此力。操作者手持一个受操作者手腕控制的力反馈传感器。

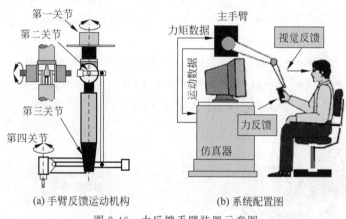

(a) 手臂反馈运动机构　　　(b) 系统配置图

图 2-46　力反馈手臂装置示意图

力反馈手臂的设计主要是用来仿真物体重量、惯性以及与刚性物体接触对人手产生的力反馈。力反馈手臂都具有嵌入式位置传感器和电子反馈驱动器设备，控制回路经过主计算机闭合，不适合在户外使用和安装。因此，其经常被更小巧的个人触觉接口(PHANToM)所取代。如图 2-47 所示，接口的主部件是一个末端带有铁笔的力反馈臂。有 6 个自由度，其中3 个是活跃的，提供平移力反馈。铁笔的朝向是被动的，因此不会有转矩作用在用户的手上。力反馈手臂的工作空间接近用户的手腕活动空间，用户的前臂放在一个支撑物上。

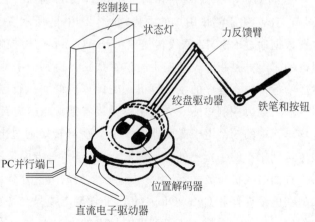

(a) PHANToM力反馈手臂外观　　　　　　(b) 力反馈系统

图 2-47　PHANToM 桌面力反馈臂

PHANToM 力反馈系统如图 2-47(b)所示,使用安装在驱动器的轴和转动电位计上的 3 个直流电刷发动机产生在 x、y、z 坐标上的 3 个力,使用光学解码器测量其 3 个力来确定手柄的方向。目前,PHANTOM 力反馈系统是在国外各实验室中广泛应用的产品。

PHANToM 手臂的缺点是价格昂贵,使用时不够轻便。但目前有 1000 多部这种设备在投入使用,PHANToM 实际上已成为一种标准的专业触觉接口设备。

4. 力反馈手套

力反馈操纵手臂、操作杆和鼠标的共同特点是设备需放在台上或地面上,且只在手腕上产生模拟的力,所以限制了其使用范围。而对那些灵活性要求比较高的任务,可能需要独立控制每个手指上模拟的力,则需要另一类重要的力反馈设备,即安装在人手上的力反馈手套。

图 2-48(a)为 CyberGrasp 手套,是一个轻便、无阻碍的力反应外壳。它套在 CyberGlove 手套上并给每个手指施加阻力。有了 CyberGrasp 力反馈系统,用户就能探索仿真"虚拟世界"中计算机生成的三维物体的物理特性。

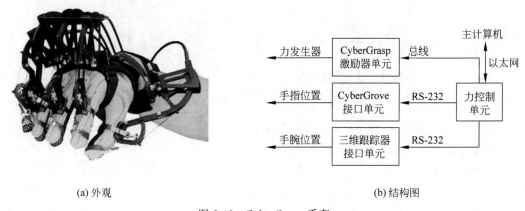

(a) 外观   (b) 结构图

图 2-48　CyberGrasp 手套

CyberGrasp 系统支持 6 个自由度,由带有 22 个传感器的 CyberGrove 改造得到。CyberGrove 用于测量用户的手势,如图 2-48(b)所示。CyberGrove 的接口盒把得到的手指位置数据通过 RS-232 总线传送给 CyberGrasp 的力控制单元。力控制单元接收来自用户佩戴的三维电磁跟踪设备的手腕位置数据。得到的手部三维位置信息通过以太网(局域网)发送给运行仿真程序的主计算机。主计算机继而执行碰撞检测,并把得到的手指触点压力信息输入到力控制单元。力控制单元接着把触点压力转换为模拟电流并放大发送给位于激励器单元中的 5 个电子激励器之一。激励器转矩通过电缆和 CyberGlove 外面的机械外骨架传送到用户的手指。外骨架起着双重作用,一方面使用每个手指上的两个凸轮引导电缆,另一方面当成机械放大器,增大指尖感觉到的力。外骨架通过指环、支撑板和维可牢尼龙搭扣附在电缆导件和 CyberGlove 上。外骨架电缆只允许在指尖施加单向力,与手指弯曲的方向相反。在每个手指上能够产生的最大的力为 16N,工作范围为半径 1m 的球形空间,允许手部在其范围内随意运动,不会阻碍佩戴者的移动。设备可充分调节,以适合宽广范围的人手。图 2-49 所示为 CyberGrasp 的工作外观。

CyberGrasp 的局限性表现为跟踪设备的范围小和用户必须携带的设备重量大。最重要的是,必须带在手臂上的那部分设备重达 539g,会导致用户疲劳。另一个缺点是系统的复杂性和价格都比较高,并且无法模拟被抓握的虚拟对象的重量和惯性。

力反馈设备与前面讨论过的触觉反馈设备有很多不同之处。首先,它要求能提供真实的力来阻止用户的运动,这样就导致使用更大的激励器和更重的结构,从而使得这类设备更复杂、更昂贵。此外,力反馈设备

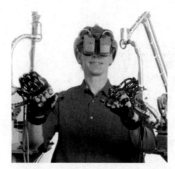

图 2-49　CyberGrasp 的工作外观

需要很牢固地固定在某些支持结构上,以防止滑动和可能的安全事故。例如,诸如操纵杆和触觉臂之类的力反馈接口是不可移动的,它们通常固定在桌子或地面上。具有一定移动性的设备,例如力反馈手套,固定在用户的前臂上,从而使用户有更多的运动自由和更自然的仿真接口,但是由于设备的重量,容易使手部感到疲劳。

第 3 章

交互场景的构建

在虚拟环境中,虚拟对象是主要的元素。它的虚拟再现是通过建模来实现的。建模是对现实对象或环境的逼真仿真。一般情况,对象具有静态特征,包括位置、方向、材料、属性等特征,还具有运动特征,它反映对象的运动、行为、约束条件(如碰撞检测与响应)以及力的作用等。虚拟对象的建模意味着对象的静态特征和运动特征各个方面的建模,也就是对形状、外观、运动学约束、智能行为和物理特性等方面的建模,如图 3-1 所示。建模时,首先获取实际三维环境的三维数据,并根据其应用的需要,建立相应的虚拟环境模型。设计出的虚拟模型能否真实反映研究的对象,直接决定了能否满足虚拟现实的三大特征:沉浸性、想象性和交互性,以及整个系统的可信度。

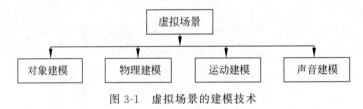

图 3-1 虚拟场景的建模技术

3.1 对象建模

对象建模是虚拟现实研究的重点,是使用户沉浸的首要条件。通常,对象建模主要研究对象的形状和外观的仿真,其过程主要包括建模和视觉外观的设计。

1. 建模

用一定的方式对对象进行直接的描述。它们的描述直接影响图形的复杂性和图形绘制的计算消耗。其建模方法一般包括几何建模、图像建模、几何与图像相结合的建模三种方法。

2. 视觉外观的设计

为场景添加光照和纹理映射。即根据基于光照模型和纹理映射,计算物体可见面投影到观察者眼中的光亮度大小和颜色分量,并将它转换为适合图形设备的颜色值,从而确定投影面上每一像素的颜色,最终生成真实感图形。

3.1.1 几何建模

几何建模是指对虚拟环境中物体的几何网络特性等信息的表示,主要包括几何模型的拓扑信息和几何信息。采用几何建模方法对物体对象虚拟主要是对物体几何信息的表示和处理,描述虚拟对象的几何模型,例如多边形、三角形、顶点和样条等,即用一定的数学方法对三维对象的几何模型的描述。

目前,几何建模软件越来越多,建模方法也越来越多。但总体而言,可归纳为三大类:多边形(Polygon)、非统一有理 B 样条(NURBS)和构造立体几何(CSG)。但无论采用何种建模软件,同类的建模方法其数学原理大致相同。

1. 多边形

多边形建模是在三维制作软件中最先发展的建模方式。多边形建模是将点、边、面组成一系列线段和平面,通过把线段和平面嵌入到物体中生成一个多边形网格,然后网格逼近来生成模型。对模型的修改是通过对点、边、面三个元素的修改来完成。任何形状的物体,都可以用足够多的多边形勾画出来。

三维物体对象的显示处理过程包括各种坐标系的变换、可见面识别与显示方式等。这些处理需要有关物体单个表面部分的空间方向信息。这一信息源于顶点坐标值和多边形所在的平面方程。

多边形建模方法比较容易理解,并且在建模的过程中,使用者可以根据自己的想象对模型进行修改。但是,随着多边形数目的增加系统的性能会下降。目前,多边形建模在许多三维软件中应用广泛。例如在 3ds Max 中,用户利用多边形构造原始简单的模型,然后通过增减点、面数或调整点、面的位置生成所需要的模型。选择不同的命令,实现对多边形不同操作效果。例如,选择"挤出"命令实现多边形的拉伸和挤入;选择"轮廓"命令实现拉出面的缩放;选择"倒角"命令实现物体面的拉伸、挤入,然后再缩放的操作。图 3-2 所示为采用 3ds Max 软件多边形方法制作的大象模型。图 3-3 所示为采用 Maya 软件的多边形方法制作的轮胎实体模型。

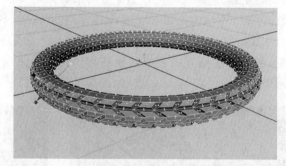

图 3-2 多边形方法制作的大象模型　　　图 3-3 多边形方法制作的轮胎实体模型

2. 非统一有理 B 样条

NURBS 是一种非常优秀的建模方式,在高级三维软件中,例如 SoftImage、3ds Max 和 Maya 软件,都支持这种建模方式。NURBS 是 Non-Uniform Rational B-Splines 的缩写,即非统一有理 B 样条。具体解释为:

- Non-Uniform(非统一):是指一个控制顶点的范围能够改变,用来创建不规则曲面。
- Rational(有理):是指每个 NURBS 模型都可以用数学表达式来定义,也就意味着用以表示曲线或曲面的有理方程式给一些重要的曲线和曲面提供了更好的模型,特别是圆锥截面、球体等。

- B-Spline(B样条)：是一种在三个或者更多点之间进行插补的构建曲线的方法。

简单地说，NURBS是在3D建模的内部空间用曲线和曲面来表现物体轮廓和外形，即用曲线和曲面来构造曲面物体。

度数(Degree)是NURBS的一个重要的参数，用于表现所使用的方程式中的最高指数。一个直线的度数是1，一个二次等式度数为2。NURBS曲线通常由立方体方程式表示，其度数为3。度数可以设置更高些，曲线更圆滑，但计算时间也越长，所以，通常不必这样做。

连续性(Continuity)是NURBS的另一个重要参数。连续的曲线是未断裂的，有不同级别的连续性，如图3-4所示。一条曲线有一个角度或尖端，则它具有C0连续性，如图3-4(a)所示，角位于曲线顶部。一条曲线没有尖端，但曲率不断变化，则连续性为C1，如图3-4(b)所示。一个半圆形连接具有较小半径的半圆形，如果一条曲线是连续的，曲率恒定不改变，则连续性为C2，如图3-4(c)所示，右侧不是半圆形，与左侧混合。

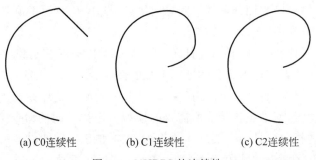

(a) C0连续性　　　　　(b) C1连续性　　　　　(c) C2连续性

图 3-4　NURBS 的连续性

NURBS构建几何对象时，首先建立简单的物体作为NURBS的起始物体，然后通过修改曲线的度数、连续性和可控点个数等参数来定义形状、制作各种复杂的曲面造型和特殊的效果。图3-5所示为采用3ds Max软件中的NURBS构建的酒杯。图3-5(a)为使用任意一种NURBS曲线绘制的酒杯截面造型。图3-5(b)为修改参数后得到的酒杯造型。NURBS比传统的网格建模方式更好地控制物体表面的曲线度，从而能够创建出更逼真、生动的造型，通常用于描述汽车、人的皮肤、面貌等复杂的曲面对象。

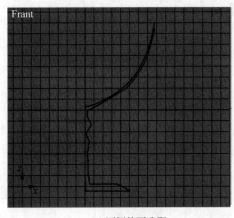

(a) 酒杯截面造型

(b) 酒杯造型

图 3-5　酒杯截面造型

3. 构造立体几何(CSG)

CSG 是 Constructive Solid Geometry 的缩写,即构造立体几何,又称为布尔模型,它是一种通过布尔运算(并、交、差)将一些简单的三维基本体素(如球体、圆柱体、立方体等)拼合成复杂的三维模型实体的描述方法,就像搭建积木一样。例如,一张桌子可以由五个六面体组成,其中四个用作桌腿,一个用作桌面。

CSG 方法对物体模型的描述与该物体的生成顺序密切相关,即存储的主要是物体的生成过程。其数据结构为树状结构。树叶为基本体素或变换矩阵,节点为运算,最上面的节点是被建模的物体,如图 3-6 所示,E 物体是通过不同的基本体素——长方体 A 和 B、圆柱体 D,经过布尔运算——并和差,最后生成的。

CSG 方法的优点是简单,生成速度快,处理方便,易于控制存储的信息量,无冗余信息,而且能够详细地记录构成实体的原始特征参数,甚至在必要时可修改体素参数或附加体素对模型进行局部修改。图 3-7 所示为在物体上倒圆的过程。其缺点是由于信息简单,可用于产生和修改实体的算法有限,并且数据结构无法存储物体最终的详细信息,例如边界、顶点的信息等。

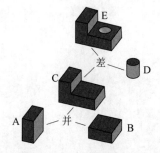

图 3-6 CSG 构造的几何模型

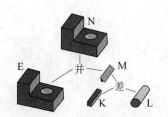

图 3-7 CSG 对模型的局部修改

3.1.2 图像建模

图像建模和绘制技术(Image Base Modeling and Rendering,IBMR)是指用预先获取的一系列图像(合成的或真实的)来表示场景的形状和外观,新图像的合成是通过适当的组合和处理原有的一系列图像来实现。与基于几何的建模和绘制模式相比,IBMR 有以下突出的优点。

(1)建模容易。拍照容易,照片细节精细,不仅能直接体现真实景物的外观和细节,而且能从照片抽取出对象的几何特征、运动特征等。IBMR 是把不同视线方向、不同位置的照片组织起来表现场景,如全景图像(Panoramic Image)和光场(Light Field)。

(2)真实感强。图像既可以是计算机合成的,也可以是实际拍摄的画面缝合而成,两者可以混合使用,能较真实地表现景物的形状和丰富的明暗、材料及纹理细节,可获得较强的真实感。

(3)绘制速度快。IBMR 方法只需要离散的图像采样,绘制时只对当前视点相邻的图像进行处理,其绘制的计算量不取决于场景复杂性,而仅仅与生成画面所需的图像分辨率相关。所以,绘制图形对计算资源的要求不高,仅仅需要较小的计算开销,有助于提高系统的运行效率。

（4）交互性好。由于具有照片级的真实感,并且以位图存储。所以,在实时交互时,模型的真实感强,显示速度快,易实现实时性。

基于图像的绘制技术是基于一些预先生成的场景画面,对接近于视点或视线方向的画面进行交换、插值与变形,从而快速得到当前视点处的场景画面。基于图像的建模方法(IBR)的相关技术主要有两种:全景图建模技术和图像插值及视图变换技术。

1. 全景图建模技术

全景图建模技术指在一个场景中选择一个观察点,固定广角照相机或摄像头,然后在水平方向每旋转固定大小的角度(满足相邻照片的重叠部分达到20%以上)拍摄得到一组照片(通常12张以上),再采用特殊拼图工具软件拼接成一个全景图像,如图 3-8 所示。图 3-8(a)为采用广角照相机拍摄的 4 张照片,图 3-8(b)为采用全景图制作软件合成的室内全景图。图 3-9 所示为数字航空航天博物馆的全景图。全景图所生成的数据较小,对计算机要求低,适用于桌面型虚拟现实系统中,建模速度快。但照相机的位置被固定在一个很小的范围内拍摄,所以,观察的视点固定不动,视线做上下、左右及前后任意转动,交互性较差。详细内容参见第 4 章。

(a) 4张照片

(b) 合成的全景图

图 3-8　室内全景图

图 3-9 数字航空航天博物馆的全景图

2. 图像插值及视图变换技术

图像插值及视图变换技术是根据在不同观察点所拍摄的图像,以相邻的两个参考图像所决定的直线为基准,交互地给出或自动得到相邻两个图像之间对应点,采用插值和视图变换的方法求出对应于其他点的图像,生成新的视图。

图像插值及视图变化技术包括两个关键问题:一个是图像变换(Image Warping),即从已知图像的对应特征(点或线)推演出一组相应的变换函数(Warp Function),也称为传递函数(Transition Function)。在图像变形过程中,一组传递函数使源图像沿着目标图像的方向扭曲,如图 3-10 所示,WS_1、WS_i、WS_n 等都为中间图像。同时,另一组传递函数又使目标图像沿相反方向扭曲变形,如图 3-10 中的 WE_1、WE_i、WE_n 等都为逆中间图像。这两列中间图像形成了两个相对的时间序列。色彩变换是另一个关键问题,与图像变化相反,它只改变像素的色彩,而不改变其坐标。色彩变换将两个图像序列中位于同一时刻的两幅变形中间图像融合成该时刻的一个中间图像,如图 3-10 所示的 I_1、I_i、I_n 中间图像分别为序列 WS_1、WS_i、WS_n 和序列 WE_1、WE_i、WE_n 融合而成的。

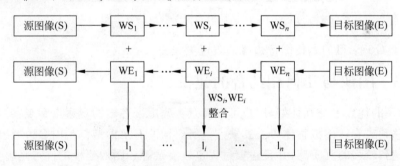

图 3-10 图像变换过程

对于图像变换方法的算法很多,最流行的方法有基于网格的图像变换算法、基于域的图像变换算法和小波变换算法。基于网格的图像变换算法是首先在源图像和目标图像中指定一组对应网格点,并利用网格点拟合样条形成一对可视的样条网格。把网格看作坐标系统,则图像的变换就可以看作一组网格内一个坐标系向另一个坐标系的变换。基于域的图像变换算法是首先利用源图像和目标图像中对应的位置求得几何特征线段集,然后根据每个点的移动都会受到多条线段的影响,通过加权平均每个特征线段对该点位置的改变来计算每个点在变换时的位置。基于网格和基于域的图像变换算法有一个共同特点是非常耗时,计算时间取决于图像分辨率和特征数目。因此,提出了小波变换算法。关于小波变换算法可以查看相关的图形学书籍。

对于采用图像插值与视图变换技术进行对象建模,其步骤可分为以下几步。

（1）采样：使用照相机或者摄像头等光捕捉设备，从不同的角度对物体进行拍摄，获得所需的照片样本。

（2）立体匹配：获将两幅图像之间的对应关系，这是最困难的。由对应点构造从第一幅图像到第二幅图像之间的映射函数，这样第一幅图像中其余的点可以根据这个映射函数，在第二幅图像中找到各自的对应点。

（3）插值与视图变换：利用插值与视图变换算法生成中间图像，这些中间图像感觉像是虚拟照相机所拍摄的，如图 3-11 所示。

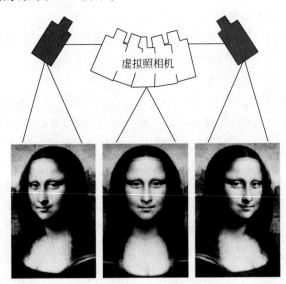

图 3-11　图像插值及视图变换的效果图

（4）优化处理：目的是使图像边缘的表现更完美。

3.1.3　图像与几何相结合的建模

几何建模的优点是交互性好，用户可以随意更改虚拟环境的观察点和观察方向，实现实时交互，如移动或旋转虚拟物体等。其缺点是所建构的对象模型都是由多边形组成，数据量较大、难以达到较强的真实感，并且建模过程也较复杂等。图像建模的优点是虚拟环境渲染质量高，有照片质感，且绘制速度快。缺点是交互能力有限，只能虚拟浏览，用户不是参与者，更像一个旁观者。另外，众所周知，物体是由物体的形状和外观组成的。物体的形状由构成物体的多边形和顶点来确定，外观是由物体的表面纹理、颜色以及光照来确定。因此，借助两种建模技术的优势，提出了图像与几何相结合的建模技术，图像建模用于物体外观的设计，几何建模用于物体外形的制作。

根据不同视角的被建模物体的照片，通过建模软件多视图的点、线位置采样，然后分区块构建模型。这种方式建模是使图像与几何结合的建模技术尽最大限度地挖掘建模技术的潜力，把高仿真度的图像映射于简单的对象模型，在几乎不牺牲三维模型真实度的情况下，可以极大地减少模型的网格数量。图 3-12 所示为使用 3ds Max 软件构建的建筑物。其步骤为 4 步。

(a) 原图　　　　　(b) 建模　　　　　(c) 截图　　　　　(d) 贴图

图 3-12　模型＋贴图建构的建筑物效果图

1．准备工作

基于图像与几何相结合的建筑物建模是利用照相机从不同的角度对建筑物进行拍照，通常为前、后、左、右、顶方向，然后使用建筑照片重新进行空间位置和形状上的还原，形成三维的建筑物模型。因此，建筑物各视图图片的采集或拍摄非常关键。图 3.12(a)为建筑物的前左方的照片。当然如果没有合适的图片，可以利用高精度的建筑物实物模型导入三维建模软件进行各视图的采集。

2．利用三维空间信息创建建筑物外形

建筑物的外轮廓线的创建是建模的关键步骤。轮廓线必须与建筑物的结构有关，通常为每个相邻面之间的分界线。从多张照片中创建视图的轮廓线，如图 3.12(a)图中的边界线即为轮廓线。

3．构造三维模型

运用 3ds Max 软件边界线造型命令，根据所画的轮廓线依次创建三维曲面，在保证建筑物外形的情况下，作最大限度的优化，利用立体视觉算法精化模型，使所有建筑物面浑然一体，以便于图像的拟合，如图 3-12(b)所示。

4．贴图

模型表面的纹理和质地是贴图实现的，即由图像代替了几何建模，较真实地再现了物体的细节，并减少了系统的运行时间。图 3-12(c)是某角度建筑物表面图像的截图，图 3-12(d)是将图 3-12(c)截取的表面图像纹理贴图到图 3-12(b)模型后的效果图。当然在贴图时，必须采用相应的方法产生逼真的效果。例如，采用遮罩通道，让需要镂空或透明的地方产生类似效果。

该方法简单快捷，仅仅通过拍摄几张照片即可合成逼真的新视图。但是该方法较适用于普通建筑物等外形较规整的实物。图 3-13 所示为采用"模型＋贴图"形式实现的室内设计，其中图 3-13(a)为模型图，图 3-13(b)为贴图后的效果图。

(a) 模型图

(b) 贴图后的效果图

图 3-13　图像和几何相结合的室内效果图

3.1.4　视觉外观

要达到生动逼真的虚拟场景,对虚拟对象的视觉外观的修饰是必不可少的。场景光照和纹理映射可以实现场景的复杂度和真实感。

1. 光照

场景光照决定了对象表面的光强度,可分为局部光照和整体光照两类。在局部光照模型中,通过明暗处理等算法计算光照对象某一点的亮度时,仅考虑虚拟场景中所有预定义的光源对象,并孤立地处理对象和光源之间的交互,忽略对象之间的相互依赖关系。例如,Unity 中的点光源、聚光灯等都属于局部光源,如图 3-14 和图 3-15 所示。

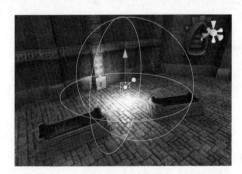
图 3-14　点光源

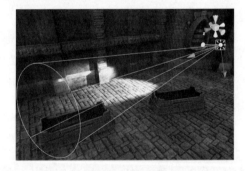
图 3-15　聚光灯

整体光照模型将整个环境作为光源,不仅考虑场景中的光源对被绘制对象的直接影响,还考虑光线经反射、折射或散射后对对象产生的间接影响。通常采用光线跟踪算法和辐射度算法从全局完成光照绘制,使绘制结果真实感大大增强。因为其计算量较大,所以整体光照是目前光照计算研究的重点。经典的整体光照现象包括颜色渗透、阴影/柔和阴影、焦散/光谱焦散、次表面散射等,对于其中任何一种现象的模拟再现都可以显著提高绘制效果。

在 Unity 中,由于实时照明对硬件要求较高,为提高场景加载的速度,通常采用预先计算好的烘焙光照实现整体光照绘制。即根据光的影响,将场景内的静态对象计算出多张贴图,并附在场景对象上建立照明效果。这些贴图可以包含场景内投射到物体表面的直接光源,也包括不同物体间反射的间接光源。

在三维建模开发平台中也都集成了多种光照算法,可以进行光照效果的设计。图 3-16 所示为 3ds Max 制作的房间模型,图 3-16(a)为没有添加光照的效果图,图 3-16(b)为 3ds Max 中添加了光照(IES 阳光命令、泛光灯命令)后的效果图。

(a) 无光照的效果图   (b) 添加光照的效果图

图 3-16 添加光照前后效果对比

2. 纹理映射

纹理映射是在不增加表面多边形数目的情况下提高图像真实感的一种有效方法。它是一种为了显示表面几何无法表示的细节特征,而逐渐改变表面属性的方法。其目的是更改对象模型的表面属性,例如颜色、漫反射和像素法向量等。图 3-17 为纹理映射的效果图,茶壶映射不同的图像,会得到不同的效果。

图 3-17 纹理映射效果图

纹理映射原理是使用一个对应函数把对象(屏幕像素)的参数坐标映射成纹理空间中的坐标,纹理坐标是坐标数组的索引。纹理数组的大小取决于操作系统的要求。当光栅化程序检索到对应的纹理像素的颜色后,用它来改变明暗模型中的像素颜色,这个过程称为调制,用纹理颜色乘以几何处理引擎输出的表面颜色,如图 3-18 所示。

目前,在三维建模软件中,存在多种纹理映射。将具有颜色信息的图像附着在几何对象的表面,在不增加对象几何细节的情况下,提高绘制效果的真实感的纹理映射称为传统的纹理映射。随着绘制技术的不断发展,复杂的纹理映射,例如浮雕映射,应运而生。纹理映射方法越来越多,给虚拟现实仿真带来了许多好处。首先,增强了场景的细节等级和真实度。其次,基于透视变换提供了较好的三维空间线索。最后,纹理的使用极大地减少了场景中多边形的数量,可以提高帧刷新率。

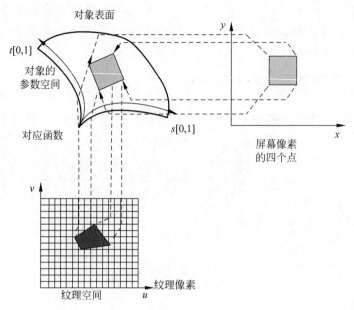

图 3-18　纹理映射原理图

3.1.5　常用的对象建模工具

虚拟场景建模是虚拟现实技术的核心,确定了场景的逼真度。目前,用于对象建模的软件有很多。本节简单介绍几款广泛应用的 3D 建模软件,分别是 3ds Max、Maya、Blender、XSI。它们都可以用来对虚拟环境进行建模,每个软件都有各自的特点及应用范围。

1. 3ds Max

3ds Max 是由 Autodesk 公司的 Discreet 子公司推出的三维动画制作软件。3ds Max 系列产品有着悠久的历史,在 DOS 时代 3D Studio 就拥有庞大的用户群体,1996 年发布的 Windows 平台下的 3D Studio Max1.0,该软件在 3D Studio 的基础上有了质的飞跃,成为集建模、渲染和动画为一体的、突破性的三维动画制作软件。伴随着计算机相关产业发展,3ds Max 相继推出了很多版本,自 2007 年以后,几乎年年有升级版本推出。目前 3ds Max 已成为世界知名的一款集三维建模、材质调制、灯光设置、摄像机布局、光影粒子特效、动画表现以及渲染于一体的 3D 建模工具软件,具有以下特点:

(1) 简单易用,兼容性好。3ds Max 具有人性化的友好工作界面,建模制作流程简洁高效,易学易用。并可以发布成各种格式的文件,满足多种不同虚拟现实引擎的软件的需要,大大方便了 VR 场景的构造。

(2) 功能强大,扩展性好。3ds Max 提供了多边形建模、放样、片面建模、NURBS 建模等多种建模工具,建模方法和方式快捷、高效。并具有非常好的开放性和扩展性,拥有最多的第三方软件开发商,具有成百上千种插件,极大地扩展了该软件的功能。

目前,3ds Max 在国内外拥有众多的用户,在使用率上占据绝对的优势。随着 VR 技术的发展,以及仿真技术在科学工程上的应用,快速实时、交互性强、操作方便的 3ds Max 软件具有广阔的发展前景。

2．Maya

Maya 是美国 Autodesk 公司出品的世界顶级的三维动画软件，以建模功能强大著称。Maya 的操作界面及流程与 3ds Max 比较类似，是目前世界上最为优秀的三维动画制作软件之一，最早是美国的 Alias Wavefront 公司于 1998 年开发的三维动画制作软件。虽然在此之前已经出现了很多三维制作软件，但 Maya 凭借其强大的功能、友好的用户界面和丰富的视觉效果，一举引起了动画和影视界的广泛关注，成为顶级的三维动画制作软件。

Maya 不仅包括一般三维建模和视觉效果制作的功能，而且还与最先进的建模、数字化布料模拟、毛发渲染、运动匹配技术相结合，极大地提高了制作效率和品质，而且工作方式灵活，渲染效果真实感极强，是众多制作者梦寐以求的视频特效制作软件。自诞生之日起，就参与了多部国际大片的制作，从早期的《玩具总动员》《精灵鼠小弟》《金刚》到《汽车总动员》等众多知名影视作品的动画和特性，都是由 Maya 参与制作完成的。

Maya 软件的发展速度惊人，庞大的开发群体使其每年更新一个版本，并已经广泛应用于电视广告、计算机游戏制作、角色动画和电影特技等方面。

3．Blender

Blender 是由 NeoGeo 公司于 1995 年创作的 3D 创造套件，是一款开源的跨平台全能动画制作软件。Blender 集建模、雕刻、绑定、粒子、动力学、动画、交互、材质、渲染、音频处理、视频剪辑以及运动跟踪、后期合成等的一系列动画短片制作解决方案，并以 Python 为内建脚本，拥有方便在不同工作条件下使用的多种用户界面，内置绿屏抠像、摄像机反向追踪、遮罩处理、后期节点合成等高级影视解决方法。同时还内置有卡通描边和基于 GPU 技术的 Cycles 渲染器，同时支持多种第三方渲染器，商业创作永久免费。

Blender 也提供了跨平台支持，它基于 OpenGL 的图形界面可以工作在所有主流的 Windows、Linux、OS X 等众多操作系统上。Blender 小巧的体积、便利的发布和高质量的 3D 架构带来了快速高效的创作流程，也吸引了大量的充实粉丝，每次版本发布都会在全球超过 20 万的下载次数。

4．XSI

XSI 原名 SoftImage 3D，是 SoftImage 公司推出的三维动画软件，以其杰出的动作控制技术，成为众多专业动画师强大的三维动画制作工具。它的功能完全涵盖整个动画制作过程，包括交互独立建模和动画制作工具、SDK 和游戏开发工具、具有业界领先水平的 Mental Ray 生成工具等。

为了体现软件的兼容性和交互性，最终以 SoftImage 公司在全球知名的数据交换格式.XSI 命名。XSI 以其先进的工作流程、无缝的动画制作，以及领先业内的非线性动画编辑系统，出现在世人的面前。动画合成器功能更是可以将任何动作进行混合，以达到自然过渡的效果。灯光、材料和渲染已经达到了一个较高的境界，系统提供的十几种光斑特效可以延伸出千万种变化。

XSI 的自由建模能力很强，拥有世界上最快速的细分优化建模功能，以及直觉的创造工具，让 3D 建模感觉就像在做真实的模型雕塑一般。而且，它的渲染和动画功能也非常好。

3.2 物理建模

物理建模是对虚拟环境中的物体的质量、惯性、表面纹理(光滑或粗糙)、硬度、变形模式(弹性或塑性)等物体属性特征的建模,其主要作用是使得虚拟世界中的物体具备和现实世界类似的物理特效。典型的物理建模方法有用于场景搭建的分形技术和粒子系统,以及物体受力作用碰撞响应的物理规律的模拟。

3.2.1 分形技术

众所周知,自然界中的树,当忽略树叶个体区别时,从一定距离观察中间树枝,每一根树枝也像一棵大树。这种现象就是自相似性,是客观世界中许多实物具备的特性。分形就是事物整体与局部之间相似的结构,具有自相似性和迭代性。分形技术是利用实物整体与局部之间的相似结构,采用迭代方法实现复杂不规则外形物体的建模,如图 3-19 所示。分形技术绘制的弯弯曲曲的海岸线、起伏不平的山脉、粗糙不堪的断面、变幻无常的浮云、九曲回肠的河流、纵横交错的血管、令人眼花缭乱的满天繁星、粒子运动的轨迹以及树冠和花朵等,都栩栩如生、惟妙惟肖。图 3-20 为 Mandelbrot 在 1980 年发现的整个宇宙以一种出人意料的方式构成自相似的结构图。图 3-20(a)为原始图 Mandelbrot 集合,图 3-20(b)是将图 3-20(a)中的矩形框区域放大后的图形。

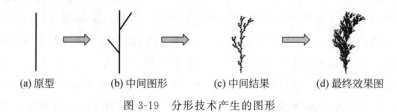

(a) 原型　　　　(b) 中间图形　　　　(c) 中间结果　　　　(d) 最终效果图

图 3-19　分形技术产生的图形

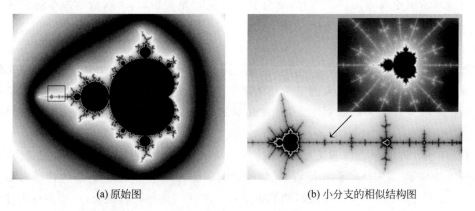

(a) 原始图　　　　　　　　　　(b) 小分支的相似结构图

图 3-20　Mandelbrot 集合

分形技术通常用于对复杂的不规则外形物体的建模,建模过程分为:

(1) H 分形,它是简单二叉树的推广,对物体进行分形,寻找树的树梢。

(2) 迭代函数系统(Iterated Function Systems,IFS),是分形绘制的一种重要方法,基本思想是选定若干仿射变换,将整体形态变换到局部,这一过程可一直持续下去,直到得到满意的结果。也就是说,对第一步得到的树梢,选用迭代算法,绘制完成完整的一棵树。

分形技术使用数学原理实现艺术创造,使人们觉悟到科学与艺术的融合、数学与艺术审美上的统一,搭起了科学与艺术的桥梁。它的出现不仅影响了数学、理化、生物、大气、海洋以至社会学等学科,并在音乐、美术中也产生了很大的影响。目前,分形技术在各个行业都有所使用,例如印染业、纺织业、装饰以及艺术创作等。图 3-21 为地质结构。图 3-22 为山水画。

图 3-21 地质结构

图 3-22 山水画

分形技术的优点是用简单的迭代算法就可以完成复杂的不规则物体建模。缺点是迭代运算量过大,不利于实时显示,在虚拟现实系统中一般仅用于静态远景建模。

3.2.2 粒子系统

粒子系统是一种典型的物理建模系统,主要用来解决由大量按一定规则运动(变化)的微小物质(粒子)组成的物质在计算机上的生成与显示的问题。它用来模拟一些特定的模糊现象,例如火、爆炸、烟、水流、火花、落叶、云、雾、雪、灰尘、流星尾迹或者像发光轨迹这样的抽象视觉效果等。这些现象用其他传统的渲染技术难以实现其真实感。

粒子系统是一个动态系统,可以生长和消亡。也就是说,每个粒子除了具有位置、速度、颜色、加速度等属性外,还有生命周期属性,即每个粒子都有着自己的生命值,随着时间的推移,粒子的生命值不断减小,直到粒子死亡(生命值为 0)。一个生命周期结束时,另一个生命周期随即开始。除此之外,为了增加物理现象的真实性,粒子系统通过空间扭曲控制粒子的行为,对粒子流造成引力、阻挡、风力等影响。

典型的粒子系统循环更新的基本步骤为以下四步:

(1) 加入新的粒子到系统中,并赋予每一新粒子一定的属性;

(2) 删除那些超过其生命周期的例子;

(3) 根据粒子的动态属性对粒子添加外力作用,如重力(Gravity)、风力(Wind)等空间扭曲,实现对粒子进行随机移动和变换;

(4) 绘制并显示所有生命周期内的粒子组成的图形。

通常粒子系统在三维空间中的位置与运动是由发射器控制的。发射器主要由一组粒子行为参数以及在三维空间中的位置所表示。粒子行为参数包括粒子生成速度(单位时间粒子生成的数目)、粒子初始速度向量(什么时候向什么方向运动)、粒子寿命(经过多长时间粒子湮灭)、粒子颜色、在粒子生命周期中的变化以及其他参数等,值的确定是在遵循自然规律的基础上,确定其变化范围,然后在该范围内随机地确定它的值。

为了得到较为逼真的景象,需对粒子进行纹理贴图。例如雪的基本形状都是六角形,但由于表面曲率不等(有凹面、平面、凸面),各面上的饱和水汽压力也不同,因此产生了千变万化的六角形雪片。所以,制作时,雪粒子采用圆形粒子,然后进行纹理贴图,制作出不同形状的多种雪花图样,如图 3-23 所示。

图 3-23　纹理贴图形成的雪花造型

目前,粒子系统在许多三维建模软件及渲染包就可以直接创建,例如 3ds Max、Maya 等。这些编辑程序能够立即显示特定的特性或者规则下的粒子系统。图 3-24 为使用 3ds Max 制作的深水中气泡,采用了 SuperSpray 粒子系统,水泡粒子的"模样"是通过纹理贴图实现的。图 3-25 是 Directx3D 软件制作的粒子系统——雪。图 3-26 为粒子系统制作的火焰。图 3-27 为粒子系统制作的星系。

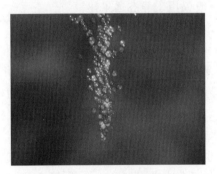

图 3-24　深水中气泡　　　　　　　　　　　图 3-25　雪

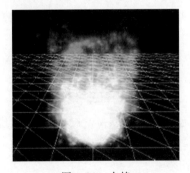

图 3-26　火焰　　　　　　　　　　　图 3-27　星系

3.2.3　碰撞响应

真实世界中的物体在运动过程中很有可能与周围环境发生碰撞、接触及其他形式的相互作用。为了使虚拟世界"看起来更真",虚拟物体之间必须能够实时的、无缝的、可靠的检测相互碰撞并做出恰当的响应。而碰撞响应即是用于对物体间的相互作用的检测与响应,主要包括两部分:碰撞检测与碰撞响应。碰撞检测是研究物体能否发生碰撞,以及发生碰撞的时间与位置。碰撞响应是研究物体之间发生碰撞后,物体发生的形变或运动变化,并以符合真实世界中物体的动态效果实时显示。

1. 碰撞检测

碰撞检测是检测两个(或多个)物体是否互相接触。为了保证虚拟世界的真实性,碰撞检测需具有较高的实时性和精确性。而通常情况下,实时性和精确性是相互矛盾的。所以,在满足场景碰撞检测的精确性的基础上,如何有效和合理地降低碰撞检测的时间复杂性,提高碰撞检测速度,是虚拟环境中碰撞检测的一个重要研究方向。目前,用于碰撞检测的方法有很多,如直接检测法、包围盒检测法、空间分割法等。应用广泛的方法为包围盒检测法。

包围盒检测法是使用比被检测物体体积略大、几何特性简单、包围被检测三维物体的三维包围盒来进行检测的。通过对包围盒的检测来粗略确定是否发生碰撞,当两个物体的包围盒相交时其物体才有可能相交;若包围盒不相交其物体一定不相交。利用包围盒法可以排除大量不可能相交的物体和物体的局部,从而快速找到相交的部位。包围盒是包围给定三维对象所有顶点的棱柱或球,如图 3-28 所示,圆柱体为被检测物体,外部的框体为包围盒。根据形状的不同,包围盒分为沿坐标轴的包围盒(Axis-Aligned Bounding Boxes,AABB),如图 3-28(a)所示;球形包围盒,如图 3-28(b)所示;任意方向的包围盒(Oriented Bounding Box,OBB),如图 3-28(c)所示;及上述方法的扩展或变异等。

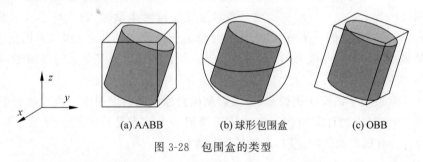

(a) AABB　　　　(b) 球形包围盒　　　　(c) OBB

图 3-28　包围盒的类型

1) 沿坐标轴的包围盒 AABB

是沿着世界坐标轴方向的棱柱,包含几何对象且各边平行于坐标轴的最小六面体[图 3-28(a)]。构造时根据物体的形状和状态取得坐标 x,y,z 方向上的最大最小值就能确定包围盒最高和最低的边界点。

AABB 包围盒的边界总是与坐标轴平行,它的平面与其相应的坐标平面相平行。一个AABB 包围盒通常可以用其向 3 个坐标轴的投影的最大最小值来表示,也可以用物体中心点和 3 个方向上的跨度来表示。前一种表示方法在两包围盒进行相交测试时比第二种的运算量要少一些。检测两个 AABB 包围盒是否相交最简单的方法是利用投影,如图 3-29 所示,比较两物体在某轴上投影的最大值和最小值。两个 AABB 包围盒相交当且仅当它们 3个坐标轴上的投影均重叠。只要存在一个方向上的投影不重叠,那么它们就不相交。

AABB 包围盒具有建构简单快速、相交测试简单、内存开销少的特点,能较好地适应可变形物体实时更新层次树的需要,可用于进行可变形物体之间的相交检测。AABB 的缺点是包围物体不够紧密,在一些情况将出现较大的空隙,如图 3-30 所示,会增加许多不必要的检测,反而影响算法效率。

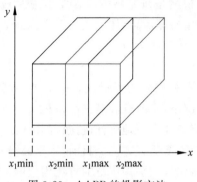

图 3-29　AABB 的投影方法

图 3-30　包围不够紧密的 AABB 包围盒

2) 球形的包围盒

利用检测物体的中心为球心,以物体边界点到中心最大的距离为半径所组成的球体[图 3-28(b)]。构造时仅需 2 个标量,即球心和半径。计算给定对象 SE 的 Sphere 包围球,首先需通过 SE 中各个元素顶点的 x 坐标、y 坐标和 z 坐标的值确定包围球的球心 c,再由球心与 3 个最大值坐标所确定的点间的距离计算半径 r。

使用球形包围盒进行相交检测相对比较简单。对于两个包围球 (c_1,r_1) 和 (c_2,r_2),如果球心距离小于半径之和,如图 3-31 所示,即 $|c_1-c_2|<r_1+r_2$,则两包围球相交,可进一步简化为判断(c1-c2)(c1-c2)≤(r1+r2)2。当对象发生旋转运动时,包围球不需要做任何更新,这是包围球比较友好的一个特性,当几何对象进行频繁的旋转运动时,采用包围球可取得较好的结果。当对象发生变形时,很难从子节点的包围球合成父节点的包围球,只能重新计算。

此方法非常适用于需要快速检测、不需要精确碰撞检测的应用中。执行速度相对较快,不会给 CPU 带来过大的计算负担。但球体碰撞的一个缺点是只适用于近似球形物体,如图 3-32 所示,会有很大面积的空隙,影响检测精度。

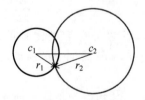

图 3-31　球形包围盒

图 3-32　包围不紧密的球形包围盒

3) 任意方向的包围盒 OBB

OBB 定义为包含该对象且相对于坐标轴方向任意的最小长方体。它是根据物体本身的几何形状来决定盒子的大小和方向,盒子无须和世界坐标轴垂直,而是一个沿着物体主轴方向的最紧凑最适合物体的六面盒子[图 3-28(c)]。与 AABB 相比,OBB 的最大特点就是方向的任意性,这使得它可以根据对象的几何特点尽可能紧密地包围对象,但同时也使得它的相交测试变得复杂。

OBB 的计算相对复杂,关键在于寻找最佳方向,并确定在该方向上包围盒的最小尺寸。OBB 间的相交测试基于分离轴理论,主要是确定包围盒是否有重叠,并不要求确定具体的接触位置和接触深度。如果空间中存在一个向量,使两个 OBB 在该向量上的投影不重叠(相交),则这个向量即为一根分离轴(不一定是坐标轴)。如果两个 OBB 在一条轴线上的投影不重叠,则可以判定这两个 OBB 不相交,其原理如图 3-33 所示。

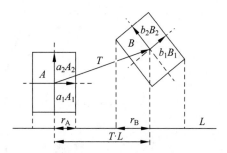

图 3-33 基于分离轴理论的
OBB 包围盒相交测试

图 3-33 中,A、B 是两个 OBB 包围盒,向量 T 是 A 的中心到 B 的中心的距离。L 是 A 和 B 的一个分离轴,因为 A 和 B 在 L 上的投影是不相交的。两个投影区间的中心距离是 $|T \cdot L|$。a_i 和 b_i 表示 A 和 B 的各轴向的半径,A_i 和 B_i 表示 A 和 B 的轴向,其中 $i = 1, 2, 3$。

r_A、r_B 分别是 A、B 在 L 上的投影区间半径,$|T \cdot L| > r_A + r_B$ 即为投影区间不重叠的充分必要条件。

对任何两个不相交的凸三维多面体(长方体),其分离轴要么与任一多面体的某一个面正交,要么同时垂直于两个多面体的某一条边。因此,对于一对 OBB,只需测试 15 条可能是分离轴的轴(两个 OBB 的 3 个面方向的轴和由 3 个边方向的轴与另 3 个边方向的轴两两组合的 9 个轴),只要能找到一个这样的分离轴,就可以判定两个 OBB 是不相交的;若 15 条轴都不能将两个 OBB 分离,则它们是相交的。

尽管 OBB 间相交测试的计算量比较大,但它的紧密性最好,可以成倍地减少参与相交测试的包围盒的数目和基本几何元素的数目,在大多情况下其总体性能要优于 AABB 和包围球。当几何对象发生旋转运动后,只要对 OBB 的基底进行同样的旋转即可。因此,对于刚体间的碰撞检测,OBB 是一种较好的选择。但重新计算每个节点的 OBB 的代价太大,因此 OBB 不适用于软体对象环境中的碰撞检测。

4) 离散方向多面体

离散方向多面体(k-Discrete Orientation Polytope,k-DOPs)是在分析以往采用的层次包围盒的缺点后提出的。一个物体的 k-DOPs 定义为包含该对象,且它的所有面的法向量均来自一个固定的方向(k 个向量)集合的凸包。其中的方向向量为共线且方向相反的向量对,术语上称为 FDH(Fixed Direction Hull)。如图 3-34 所示,同一物体的 3 种包围盒对比,(a) 为 AABB,(b) 为 OBB,(c) 为 6-DOPs。k 为可选择的固定方向的向量,每个面一个。其最简单的是固定方向集中包含坐标轴方向,即 $k = 6$ 时,便成为了 AABB。因此,k-DOPs 也可看作是 AABB 的扩展。另外,当 k 的值无限大时,它就成为被测对象的凸包。因此,它不但继承了凸包紧密性好的优点,同时也继承了 AABB 简单性好的优点。

2. 碰撞响应

物体碰撞以后需要做出一些反应,比如产生反冲力反弹出去,或者停下来,或者让阻挡物体飞出去等,这都属于碰撞响应。碰撞响应是当检测到虚拟环境中发生碰撞时,修改发生碰撞的物体的运动表示,即修改物体的运动方程,确定物体的损坏和变形,实现碰撞对物体运动的影响。

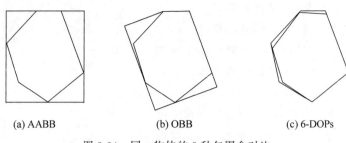

| (a) AABB | (b) OBB | (c) 6-DOPs |

图 3-34　同一物体的 3 种包围盒对比

　　碰撞响应是由发生碰撞的虚拟对象的自身特性以及具体应用要求决定的。如果发生碰撞的对象是弹性物体,物体弹性形变后反弹出去,物体恢复原来的几何形状。如果是塑性物体,物体发生表面变形后不反弹。如果是刚性物体,物体被强有力的反弹回去。弹性物体、塑性物体与刚性物体的区别:刚性物体的运动仅仅是位置、方向和大小的改变,而弹性和塑性物体则额外增加了变形属性。因此,碰撞响应通常分两种情况:表面变形和力的反弹。不同的碰撞响应采用不同数学模型和物理属性计算实现,这也是当前研究的热点之一。

3.3　运动建模

　　"动起来真实"是虚拟现实逼真度的一个要求,需要考虑虚拟场景中对象的具体位置、平移、旋转、缩放等变化效果。这些内容统称为对象的运动属性,是通过对象的运动建模实现的。运动建模主要用于确定三维对象在世界坐标系中的位置,以及它们在虚拟世界中的运动。其目的是对运动物体实现服从客观世界的运动规律的建模,其核心内容包括虚拟摄像机、对象坐标和对象层次。

3.3.1　虚拟摄像机

　　三维世界通常采用摄像机的坐标系来观察。摄像机坐标系在固定的世界坐标系中的位置和方向称为观察变换,即在观察虚拟对象时通过摄像机窗口来观察。在图形实时绘制时,需要根据摄像机的坐标实时绘制对象,仅需绘制摄像机看到的部分场景内容,这部分场景用一个称为视口的名词定义,如图 3-35 所示。眼睛的图标代表摄像机的位置,指向右侧的标记为 x 轴的向量代表摄像机的指向。中间的方块为 3D 场景中的物体。左侧的矩形和右侧的矩形分别代表近裁剪面(近切面)和远裁剪面(远切面),这两个平面决定了 3D 空间的子集的边界,称为视椎体或视平椎体。视口的内容是最终在屏幕上看到的渲染的 2D 图像。视椎体内 x 值较大的对象,离摄像机较远,如果被 x 值较小的对象遮挡住,则不需被绘制出来。只有处于视椎体内部的物体才可以被渲染到屏幕上,其他的对象则被裁剪掉。

　　在虚拟现实引擎中,摄像机相对场景有位置和方向,提供了透视、正交两种渲染场景的方式,如图 3-36 所示。透视方式可以模拟人眼观察世界的方式,即近大远小的效果。如图 3-36 的左图所示,视口中的两物体有大小区分,即透视方式有近大远小的效果。正交方式是取消了透视效果,直接将三维的场景渲染成一幅二维的图片投射到相机视口。如图 3-36 的右图所示,视口中的两物体无大小区分。除此之外,视椎体外的物体被裁掉。

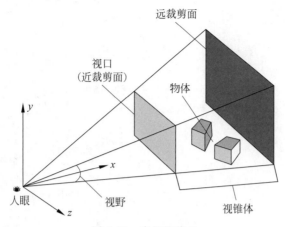

图 3-35　虚拟摄像机

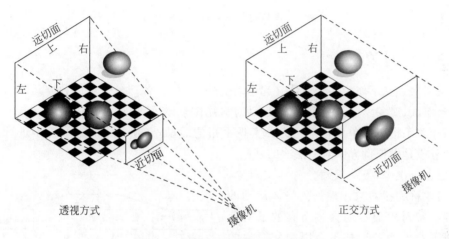

图 3-36　摄像机的两种渲染场景方式

3.3.2　对象位置

在虚拟现实的运动建模中,对象位置通常采用坐标系来表示。对象位置的变化通常是由平移、旋转、比例缩放等几何变换所引起的。在场景创建时,对象的平移、旋转和缩放通常采用齐次变换矩阵来描述。坐标系采用绝对坐标系,即世界坐标系,起着定位每一个物体的作用。而在对象表面建模中,顶点坐标使用的是对象坐标系中的(x,y,z),即每个物体对象定义的坐标系。这个坐标系捆绑在对象身上,通常位于重心处,其方向沿对象的对称轴方向。当对象在虚拟世界中移动时,其对象坐标系位置随着物体一起移动。因此,无论对象在场景中的位置如何变化,在对象坐标系中,对象顶点坐标的位置和方向一直保持不变。只要对象表面不发生变形或切分,就一直保持不变。图 3-37 显示的为一个虚拟长方体的坐标变换。坐标系(i_1,j_1,k_1)是虚拟对象的对象坐标系,坐标系(i_w,j_w,k_w)是世界坐标系。P_1是对象坐标系和世界坐标系进行转换的位置向量。图 3-37(a)为静止状态,P_1是不变的;图 3-37(b)为运动状态,P_1成为一个关于时间 t 的函数。

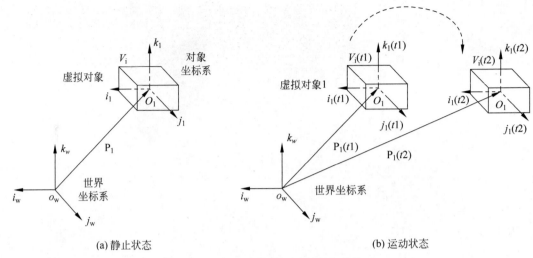

(a) 静止状态　　　　　　　　(b) 运动状态

图 3-37　虚拟对象在世界坐标系中的位置

3.3.3　对象层次

对象层次定义了作为一个整体一起运动的一组对象,各部分也可以独立运行。假设不考虑对象层次,对象模型是一个整体,运动时只能做整体运动,例如虚拟手,如果没有做层次划分,意味着手指不能单独运动。为了实现手指的运动,必须对手的三维模型进行分段设计,这种分段是虚拟世界中对象层次的基础。

在对象层次中,上一级对象称为父对象,下一级对象称为子对象。根据人身体运动的生理机制,父对象的运动会被所有的子对象复制,而子对象的运动却不会影响父对象的位置。即父对象运动,则子对象会跟随父对象的运动而运动,而子对象可以独立运动,不影响父对象。因此,遵循自然规律,对象的层次采用树图来表示,每个节点的描述采用齐次变换矩阵。树的节点表示对象的分段,分支表示关系。对于虚拟手来说,它的层次结

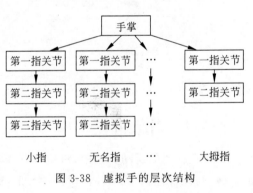

图 3-38　虚拟手的层次结构

构为一个手掌父节点和 5 个手指子节点,如图 3-38 所示。手掌是手指的父对象,当手掌运动时,所有子节点也随之运动。相反,子节点运动,不会影响父对象。在实际应用中,使用来自传感手套的数据改变手指分段的位置,可以模拟出虚拟手的动作,这是通过改变手的树图结构中的各个节点之间的变化矩阵实现的。此原理常用于骨骼动画中,或者运动捕捉等领域。

在具体的实现中,分为两种形式,一种称为正向运动学,又称为前向运动学,由父骨骼的位置、运动(平移、旋转等操作)以及变换带动子骨骼的位置、运动以及变换等操作。而子骨骼的运动不会影响父骨骼的变化。处于节点链末端的节点位置是由此链条上的各个旋转角和相对位移来决定的。正向运动学的优势是计算简单、运算速度快;缺点是需指定每个关

节的角度和位置,很容易产生不自然不协调的动作。

另一种为逆向运动学,又称反向运动学,是以子骨骼的位置和变换逆向推出父骨骼的位置和变换。在物理世界中,偶尔会有反向运动,由子骨骼的运动带动父骨骼的改变。例如,在做引体向上运动时,胳膊的运动会带动整个身体的运动。通常,用于游戏人物与周围环境的交互,计算骨骼链中每个骨骼的角度,使得末端骨骼可以达到一个特定位置,从终端节点开始计算,然后逐层往上计算其他祖先节点的信息。反向运动学方法在一定程度上减轻了正向运动学方法的复杂计算,是生成逼真关节运动的最好方法之一。

3.4　声音建模

Jaunt 公司 CEO Jens Christensen 表示,"音乐在 VR 体验的沉浸感和真实感中扮演着非常重要的角色,目前我们认为,它至少占据了整个 VR 体验中的 50% 的分量"。由此可知,在虚拟现实里,声音是非常重要的一部分,声音能够直接影响虚拟现实的沉浸感。众所周知,现实生活中的声音是三维立体的,来自四面八方,人们能够利用耳朵的特殊性判断出声音的距离和方位。所以,在虚拟世界中,观者处于场景的中心,不仅在自由地选择观看的方向和角度时能听到来自各个方向的声音,而且当观者需要来回转动头部或者大幅度身体运动时,声音也要实时跟随运动发生变化,这样才能实现虚拟环境的沉浸感。为此,声音建模主要是对虚拟场景中三维立体声音的定位和跟踪,让置身于虚拟世界的人,能实时识别声音的类型和强度,判断出声源的位置。声音建模技术的关键在于声音的录制、合成和重放技术。

3.4.1　声音的录制

人工头录音(Dummy Head Recording)是一种双路立体声录音(Binaural recording)的录音方式,通过把两个微型全指向性话筒安置在一个仿真人头的耳道内,模拟人耳听到声音的整个过程,如图 3-39 所示。这样两个话筒录制到的信号,就相当于一个在仿真人头所在位置的真人的双耳所听到的声音。

另一种声音录制是声场录制机现场录立体声,包括多轨收音器和主机,同时录制多方位的声音,类似于同期声。图 3-40 为时代拓灵的 Twirling720 便携式 VR 声场录制机,可以一键录入全场声场,完成三维环境中所有方向的声音录制,颠覆了传统的沉浸式声音制作。360°声场录制机的声场进行后期的算法处理,不仅可以支持传统立体声耳机和 5.1/7.1 播放系统,还可以灵活地配合虚拟设备,实现沉浸式交互。

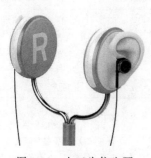

图 3-39　人工头仿生耳

图 3-40　Twirling720 便携式 VR 声场录制机

3.4.2　声音的合成

声音的合成称为双耳信号合成(Binaural Synthesis),是把多轨音素材收集起来,按照方位远近用引擎加工。每个声音任何一个时刻在三维空间里的位置是需要精确的。

一个点声源通过人的身体躯干、头部和耳廓等身体部分反射或折射后,进入人的双耳。可以将这一物理过程看作一个线性时不变的声滤波系统。这一物理过程的特性可以由其传输函数——头相关传输函数(Head-pelated Transfer Function,HRTF)来描述。双耳信号合成一般通过将测量的头相关传输函数与声源信号在频域相乘(或者时域卷积)得到。

3.4.3　声音的重放

声音重放是将 VR 声音打包到播放器或者虚拟现实引擎内播出。根据播放的设备分为耳机重放和扬声器重放两种,采用扬声器重放时会产生交叉串音的干扰(左扬声器的声音不仅传输到左耳朵,而且传输到右耳朵),消除交叉串音的处理比较困难;而耳机提供了完全隔开的通道,其更符合立体声的处理思路。因此,耳机重放在声音重放领域被广泛应用。

3.5　虚拟现实开发引擎

虚拟现实开发引擎是为虚拟现实系统开发提供强有力支持的一种解决方案,用于虚拟现实内容开发的交互平台。此平台包括各种交互硬件接口、图形数据的管理和绘制模块、功能设计模块、消息响应机制、网络接口等功能,如图 3-41 所示。

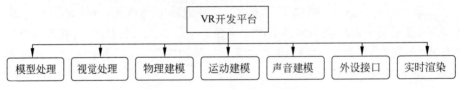

图 3-41　虚拟现实开发引擎的功能

随着虚拟现实技术的普及,虚拟现实开发引擎越来越多,例如,Unity、Unreal Engine、EON 等,都在各自领域、各自优势方向长足地发展。如表 3-1 所示。

表 3-1　常见 VR 开发引擎的比较

VR 开发引擎	学习资源可获得性	需要浏览插件	可操作性及难易	功能及用途说明
Unity	中英文资源丰富	否	可视化操作界面,较易	集代码编写、骨骼动画、声音、光照、物理系统、地形系统、粒子系统等于一体的开发平台,具有跨平台、技术门槛低等优点
Unreal Engine	中英文资源丰富	否	可视化操作界面,较易	集代码编写、骨骼动画、声音、光照、物理系统、地形系统、粒子系统等于一体的开发平台,具有出色的画面效果

续表

VR 开发引擎	学习资源可获得性	需要浏览插件	可操作性及难易	功能及用途说明
EON	中文资料相对较少,外文资源丰富	是	可视化操作界面,较易	EON 是世界上公认整合性、延展性、可操作性最好的虚拟现实开发展示系统之一
VRML	中文资料较多,外文资源丰富	是	要求有一定的编程基础,掌握 VRML 语法,较难	早期桌面虚拟现实技术的代表,可以实现交互功能,已经完成了到 X3D 的转换
Cult3D	中文资料较少,外文资源丰富	是	可视化操作界面,较易	生成文件小、图像质量高,得到世界许多大公司的支持。对场景的表现不尽如人意。Cult3D 的开发环境比 Viewpoint 更具人性化和条理化,开发效率也要高得多
Viewpoint	中文资源难觅,有一定的外文资源	是	可视化操作界面,较易	具有一个纯软件的高质量实时渲染引擎,渲染效果接近真实而不需要任何的硬件加速设备
Java3D	资源较丰富	否	需要一定的编程基础,入门难	Java 3D 是建立在 Java 2(Java 1.24)基础之上的,Java 语言的简单性使 Java 3D 的推广有利

总体来看,一个完善的虚拟现实开发引擎具有以下特点:

(1) 可视化开发界面,实现"所见即所得"方式开发虚拟场景。

(2) 支持二次开发能力,允许开发人员能够针对特定需求设计和添加功能模块,实现了虚拟现实场景的可扩展性和开放性。

(3) 数据兼容性,支持多种媒体的处理操作,如图形、图像、文字、音视频、动画等,提高虚拟现实场景内容的丰富度。

(4) 支持多种交互方式,丰富虚拟现实场景的交互形式,提升沉浸感。

(5) 提供快速的数据处理能力,降低数据的传输延迟、提升渲染的速度和响应速度,进一步提升场景的流畅感。

目前,Unity 和 Unreal Engine 是当前开发领域使用最多、跨平台性最好、资源最丰富及支持 VR 外设最全的两款虚拟现实开发引擎,已经囊括了中小型、大型游戏和虚拟场景的开发。

1. Unity

Unity 是由 Unity Technologies 开发的一个让开发者创建诸如三维视频游戏、建筑可视化、实时三维动画等类型互动内容的多平台综合性游戏开发工具,是一个全面整合的专业引擎。Unity 凭借较低的技术门槛,以及对跨平台的支持,获得了一大批拥护者。目前,更多的 VR 初创企业普遍采用 Unity 引擎。

图 3-42 为可视化的开发界面,界面比较简洁、容易使用。Unity 支持 C♯,JavaScript 等

编程语言,上手快,而且文档、视频等多种类型的学习资源丰富,支持多平台开发,所以学习和开发成本都较低。Unity 不仅适合大团队制作,小团队甚至独立制作也可以完成,主要趋向移动平台的开发,尤其是手游,目前 Unity 仍然是手游市场占有率最高的引擎。在 VR 硬件支持度上,Unity 很广泛,包括 Oculus Rift、Samsung Gear VR、PlayStation VR、Microsoft HoloLens、Steam VR/HTC Vive 及 Google Daydream 等。

图 3-42 Unity 开发界面

2. Unreal Engine

Unreal Engine 是游戏公司 Epic Game 的杰作,诞生于 1998 年,经历了多个版本后,达到今天所看到的免费、开源的 UE5,图 3-43 为 Unreal Engine4 的开发界面。Unreal Engine 凭借顶级的图形处理能力,包括高级动态光照、新的粒子系统(可同时处理数以百万的粒子)等,具有更加出色的画面效果,为广大 3A 级游戏开发厂商所青睐。Unreal Engine 使用 C++ 进

图 3-43 Unreal Engine 开发界面

行开发,内含模块功能强大、操作十分复杂。所以,相比较而言,Unreal 的学习难度比较大,一般入门开发者可能需要一年半左右的时间才能上手使用 Unreal 开发。不过,从画面效果来看,Unreal 的画面渲染质量更胜一筹。通常情况,Unreal 更加适合大团队大制作,主要趋向于 PC 平台。Unreal Engine 积极跟进各种 VR 硬件,支持 Oculus Rift、Samsung Gear VR、Palystation VR、Steam VR/HTC Vive、Google Daydream 及 Leap Motion 等。

　　综上所述,这两个开发引擎各有千秋,从目前的发展来看,如果 VR 项目为移动平台,而且制作预算较低,对画面要求不是特别高,一般首选 Unity;反之,Unreal 会是更加适合的开发工具。

第 4 章

全景图制作

为了获得虚拟场景,通常人们利用三维建模软件对场景进行仿真建模,或者采用复杂的编程技术获得三维模型。但是,这些方法获得的三维场景都需要耗费很长时间,场景的逼真度都受到了硬件设备或者软件的限制,难以达到照片级效果。

全景图技术就是利用照相方式,对环境或物体对象进行全方位的摄像,然后将各个角度的照片进行后期缝合,添加交互,而制成具有了完美的真实感。

4.1 全景图的概述

全景图技术是目前全球范围内迅速发展并逐步流行的一种视觉新技术。由于它给人们带来全新的真实现场感和交互式的体验,因而得到了广泛的应用。

4.1.1 全景图的概念

全景图也称为全景环视或 360°全景。它是一种运用数码相机对现有场景进行多角度环视拍摄,然后进行后期缝合并加载播放程序来完成的一种三维虚拟展示技术。三维全景的生成需要相应的硬件和软件结合。首先,需要相机和鱼眼镜头、云台、三脚架等硬件拍摄出鱼眼照片,然后使用全景缝合发布软件把拍摄的鱼眼照片拼合并且发布成可以播放和浏览的格式。通常,全景图的制作包括图像拍摄、图像拼接、编辑、交互播放四个步骤。

(1)图像拍摄是利用普通或者专业的照相机对现实场景进行拍照。图 4-1 为拍摄的四张连续照片。

图 4-1 全景照片

(2)使用专门的软件,通过照片重叠区域的特征匹配,对多张照片进行拼接,使其融合为一张图片,如 4-2 所示。通常,缝合的软件都有编辑的作用,对相邻照片重叠部分细节微调,实现相邻照片的自然过渡。

(3)利用 Photoshop 软件,修复缝合不理想的地方,例如重影、过渡不自然、黑洞等。

图 4-2 图像拼接

（4）利用全景图交互编辑与播放软件，将修复完的全景图添加到播放载体上（正方形、圆柱形、球形等），再添加交互，实现固定点场景环绕的效果。其原理图如图 4-3 所示。

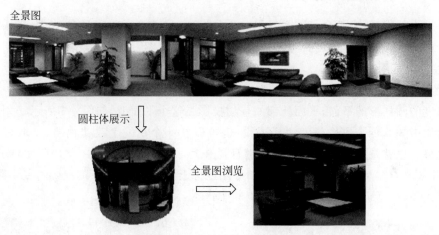

图 4-3 全景图的交互播放

4.1.2 全景图的特点

全景技术是一项较为实用的应用技术，具有下述几个优点：

（1）全景图不是利用计算机生成的模拟图像，而是通过对物体进行实地拍摄，有照片级的真实感。

（2）与传统的虚拟现实相比更具真实感，制作周期短，制作费用低，一般制作费用只相当于后者的 1/10，更为经济，文件较小，下载速度快，使用十分方便。

（3）有一定的交互性，可以用鼠标或键盘控制环视的方向，进行上下、左右、远近浏览。

（4）一般不需单独下载插件，可以直接在电脑或者手机等移动终端，通过浏览器远程观看全景图。

图 4-4 为中国全景摄影网（http://www.chinavr.net/index.htm）中实现的故宫博物院的全景展示。

图 4-4　全景环视作品：故宫博物院

4.1.3　全景图的分类

随着技术的推进,虚拟全景技术发展也十分迅速,目前全景技术的种类,已经从简单的柱形全景图,发展到球形全景图、立方体全景图、对象全景图、全景视频等。

1. 柱形全景图

柱形全景图是最为简单的全景虚拟。所谓柱形全景图,可以理解为以节点为中心的具有一定高度的圆柱形的平面,平面外部的景物投影在这个平面上,如图 4-5 所示。用户可以在全景图像中 360°的范围内任意切换视线,也可以在一个视线上改变视角,来取得接近或远离的效果。也就是用户可以用鼠标或键盘操作环水平 360°(或某一个大角度)观看四周的景色,并放大与缩小(推拉镜头),但是如果用鼠标上下拖动时,上下的视野将受到限制,向上看不到天顶,往下也看不到地面,如图 4-6 所示。

图 4-5　柱状全景图

图 4-6　柱状全景图的实例图

这种照片一般采用标准镜头的数码或光学相机拍摄照片,其纵向视角小于 180°,显然这种照片的真实感不理想。但其制作十分方便,对设备要求低,应用较多,目前市场上比较常见的全景就是这种柱形全景。

2. 球形全景图

球形全景图是指其视角为水平 360°,垂直 180°,即全视角。在观察球形全景时,观察者立足于球体的中心,通过鼠标、键盘的操作,可以观察任何一个角度场景,让人置身于虚拟环境之中。球形全景图的制作比较专业,首先必须用专业鱼眼镜头拍摄 4～5 张照片,然后再用专用的软件把它们拼接起来,做成球面展开的全景图像,最后把全景照片嵌入球中,如图 4-7

所示。球形全景图产生的效果较好，所以有专家认为球形全景图才是真正意义上的全景图。

图 4-8 为球形全景图的示例，观察者站在球心，无缝拼接好的场景完美地显示在其周围，达到了身临其境的感觉。图 4-9 是另一种球形全景图，看起来像是一个微型星球的图像，它也是用多张同一地点的照片，通过多种图像处理工具综合处理后拼接而成的。这张相片显示的是法国埃菲尔铁塔，作者是法国巴黎的 Gadl。

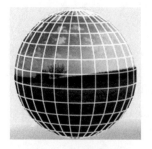
图 4-7　球形全景图

图 4-8　球形全景实例图 1

图 4-9　球形全景实例图 2

3. 立方体全景图

立方体全景图是另外一种实现全景视角的拼合技术，视角也为水平 360°，垂直 180°，如图 4-10 所示。与球形全景图不同的是，立方体全景图保存为一个立方体的六个面。它打破了原有单一球形全景图的拼合技术，能拼合出更高精度和更高存储效率的全景图。立方体全景图的制作比较复杂，首先拍摄照片时，要把上下前后左右全部拍下来，但是可以使用普通数码相机拍摄。普通相机要拍摄很多张照片，再拼合成六张照片，然后再用专门的软件把拼接的

图 4-10　立方体全景图示意图

六张照片拼接起来，做成立方体展开的全景图像，最后把全景图像嵌入立方体中。图 4-11 为立方体全景实例图，由六张不同角度的照片组成，通过软件将其拼接并显示出来。

图 4-11　立方体全景图实例

　　三种类型的全景图的最根本的区别是借助的显示物体不一样。球形全景图得益于球体的选择,而立方体全景图借助于立方体。比较形象的表达为:假设你是一个画家,手持一杆画笔,你站在一个透明的封闭的物体中间,并且把这个物体作为你的画布。然后你用画笔把你透过这个物体看到的外面世界画到这个物体上面。如果这个物体是柱体,画出来的就是柱面全景图;如果这个物体是球体,画出来的就是球面全景图;如果这个物体是立方体,画出来的就是立方体全景图。由此可知,柱形、球形、立方体全景图都是以视点为中心的全景图。

4. 对象全景图

　　对象全景图(Object Panorama)是全景图的一种,是以展览的对象为中心,从多个角度观察对象。在展示过程中,用户可以在展示窗口中用鼠标拖动对象,从而得到从不同角度观察对象的效果,并可以对展示的对象进行缩放。其拍摄过程是:照相机瞄准对象(如果拍摄汽车,则汽车是对象),转动对象,而不是相机,每转动一个角度,拍摄一张照片,按照一定的顺序进行拍摄。然后,选用对象全景的播放软件,将图像拼接,最后发布作品到网站。由此可知,对象全景图是以物体/对象为中心的全景图。对象全景图有很广的应用范围,如商品和玩具展会、文物观赏、艺术和工艺品展示等。

5. 全景视频

　　全景视频可以上下左右 360°任意角度拖动观看的动态视频,360°全景视频的每一帧画面都是一个 360°的全景,如图 4-12 所示。观看视频时可以 360°任意角度拖动观看视频,让我们有一种身临其境的感觉,另外通过佩戴 VR 眼镜观看会有更强的沉浸感,如图 4-13 所示。

图 4-12　全景视频的某一帧

图 4-13　VR360°观看视频

全景视频是目前全景技术的发展方向,生成的是动态的全景视频。该技术带给人们一种全新的感受,其效果表现为全动态、全视角、带音响的全景虚拟,目前正在快速发展过程之中。

全景视频由专业制作人员拼接而成,使用了专业的视频后期处理软件。目前主要应用于旅游、房产、体育、极限运动、演唱会、创意、惊悚等领域。

全景技术是一种应用面非常广泛的实用技术,然而它毕竟不是真正的 3D 图形技术,它的交互性十分有限。从严格意义上说,全景技术并不是真正意义上的虚拟现实技术,因此在一定程度上影响了它的普及、推广及发展。目前,全景技术的应用领域有电子商务、房地产行业、旅游业、展览业、宾馆酒店业、三维网站建设等。全景技术与 GIS 技术的结合可以让平面的 GIS 系统具有三维效果。将此技术应用于数字城市的建设,将大大增强数字城市系统的真实性。

4.2 全景图的设备介绍

4.2.1 数码相机

数码相机(Digital Camera,DC)是一种利用电子传感器把光学影像转换成电子数据的照相机,具有拍摄成本低、成像快、可直接进行数字化编程等优点,因而广泛应用于全景技术。图 4-14 为尼康 D700 数码相机的示意图。另外,目前除了专用的数码相机,许多电子设备也有拍照的功能,如手机等,也可以用于全景图的拍摄。

图 4-14 尼康 D700 数码相机

与传统相机相比,传统相机使用"胶卷"作为其记录信息的载体,而数码相机的"胶卷"就是其成像感光器件,而且是与相机一体的,是数码相机的"心脏"。感光器是数码相机的核心,也是最关键的技术。目前数码相机的核心成像部件有两种:一种是广泛使用的 CCD (Charge Coupled Device,电荷耦合)元件;另一种是 CMOS(Complementary Metal-Oxide Semiconductor,互补金属氧化物导体)器件。一般情况,相同分辨率下,CCD 芯片的图像质量优于 CMOS 芯片,但 CMOS 的价格比 CCD 便宜。通常,市场上绝大多数的消费级别以及高端数码相机都使用 CCD 作为感应器。

4.2.2 鱼眼镜头

普通的 35 mm 相机镜头所能拍摄的范围约为水平 40°,垂直 27°。如果采用普通数码相机拍摄的图像制作 360°×180°的全景图像,需要拍摄多张,将导致拼缝太多而过渡不自然,因而需要水平和垂直角度都大于 180°的超广角镜头。图 4-15 为鱼眼镜头的拍摄效果。

鱼眼镜头(Fisheyes Lens)就是一种短焦距超广角摄影镜头,一般焦距在 6～16mm。一幅 360°×180°的全景可以由 2 幅或 3 幅全景拼合而成。为使镜头达到最大的视角,这种镜头的前镜片呈抛物状向镜头前部凸出,与鱼的眼睛颇为相似,故称"鱼眼镜头"。由于鱼眼镜头是由许多光学镜片组成的,装配精密,一般价格较贵。图 4-16 所示为尼康鱼眼镜头。

图 4-15　鱼眼镜头的拍摄效果图　　图 4-16　尼康 AF DX Fisheye Nikkor ED 10.5mm F2.8G

鱼眼镜头与传统镜头相比具有的特点：

(1) 视角范围大,视角一般可达到 180°以上。

(2) 焦距很短,因此会产生特殊变形效果,透视汇聚感强烈。焦距越短,视角越大,由于光学原理所产生的变形也就越强烈。为了达到超大视角,允许这种变形(桶形畸变)的合理存在,形成除了画面中心景物保持不变,其他部分的景物都发生了相应的变化。

(3) 景深长,在 1m 距离以外,景深可达无限远,有利于表现照片的大景深效果。

4.2.3　全景云台

全景云台,又称作全景头,是专门用于全景摄影的特殊的拍摄设备,具备两大功能：①可以调节相机节点在一个纵轴线上转动；②可以让相机在水平面上进行水平转动拍摄,从而使相机拍摄节点在三维空间中的位置是固定不变的,即拍摄视点不变,便于拍摄出来的图像的缝合,减少不必要的修图问题。另外,全景云台需由三脚架作支撑。如图 4-17 所示,最上面的为数码相机,中间的为云台,最下面的为三脚架。三者的中心必须在一条直线上,才能通过转动云台,实现相机的视点保持不变。

全景云台的目的正是为了让相机在拍摄场景图像旋转的过程中,视点保持不变。随着应用需要和技术的发展,全景云台跟镜头一样,品牌和种类越来越多。图 4-18 为曼富图 303SPH 全景摄影云台,其具有滑动式快装云台板,以在全景旋转和前后俯仰轴放置相机。相机围绕节点在水平和竖直方向进行旋转,可准确便捷地拍摄全景照片序列。使用 303SPH 可以使影像拼接软件形成精确的虚拟环境,并保证最小的后期处理和修正。所有滑板和旋转尺标都具有清晰的刻度。确定相机节点后,可以轻松地进行调节。303SPH 的转向托架可释放并旋转 90°(然后重新锁定)以便减少占用空间,方便携带,同时避免滑板碰

图 4-17　全景云台的连接示意图　　图 4-18　曼富图 303SPH 全景云台

撞损坏。可以选用不同的云台板适应各类相机。三块滑板在所有轴向/平面进行节点精确定位,分别适应可以轻便型、单反相机。

4.2.4　航拍飞行器

在拍摄过程中,有时需要从空中进行图像拍摄,则需要借助某些特殊设备,例如航拍飞行器。航拍飞行器是一个集单片机技术、航拍传感器技术、GPS 导航航拍技术、通信航拍服务技术、飞行控制技术、任务控制技术、编程技术等多技术并依托于硬件的高科技产物。图 4-19 为大疆御 Mavic2 航拍飞行器。

图 4-19　大疆御 Mavic2

航拍飞行器的特点是无人直升机化、设备微型化、摄影传输实时化、动力可持续化、飞控简单自动化、摄像清晰效果好,特别适合于高危地区的探测应用。目前无人机航拍摄影技术已经作为一种空间数据获取的重要手段,在国内外已得到广泛应用。

4.3　全景图常用软件

制作全景图最重要的步骤是将所有照片拼接缝合为一张照片,并发布成浏览器可直接观看的全景图或者可执行的程序。所以,所需的软件分为两种:一种是用于照片拼接的缝合软件,另一种是动态演示的交互软件。

4.3.1　全景图缝合软件

目前在全球从事全景技术的公司有很多,软件也很多。常见的照片拼接的软件有3DVista Studio、Ulead Cool360、Corel Photo-Paint、MGI Photo Vista、Image Assembler、IMove S. P. S.、VR PanoWorx、VR Toolbox、PTGui、IPIX、Panorama Maker、PhotoShop Elements、PhotoVista Panorama、PixMaker Lite、PixMaker、QTVR Studio、REALVIZ Stitcher、Powerstiich、PanEdit、Hotmedia 等。国内常见的全景软件有杰图造景师软件、大连康基数码、浙江大学的 Easy Panarama 等。下面介绍几种常用的软件。

1. IPIX

IPIX 全景图片技术是美国联维科技公司(IPIX)在中国推广包括其全景合成软件 IPIX World 和尼康镜头等设备在内的"整体解决方案",2000 年 5 月进入中国市场,它的宗旨是要让人人能够自己拍摄和制作全景照片。

它是利用基于 IPIX 专利技术的鱼眼镜头拍摄两张 180°的球形图片,再通过 IPIX World 软件把两幅图像拼合起来,制作成一个 IPIX 360°全景图片的实用技术。IPIX World 是一款"傻瓜型"全景合成软件,用户无须了解其核心原理,也无须对图像进行前、后期处理,一分钟内搞定。IPIX 利用上述原理生成一种逼真的可运行于 Internet 上的三维立体图片,观众可以通过鼠标上下、左右的移动任意选择自己的视角,或者任意放大和缩小视角,也可以对环境进行环视、俯瞰和仰视,从而产生较高的沉浸度。

IPIX 有自己开发和设计的专有处理软件 IPIX Word,同时也可以提供自行开发的多媒体处理软件。它的特点是可以在 IPIX 图片里进行热点链接,例如加入背景音乐、链接到应用程序、加入声音文件、加入文本文件、链接到互联网、链接图片等。但是该产品基本上属于普及型软件,加之用户用于购买图像发布许可的"KEY"以及去 IPIX 标志和链接版权费,应用受到一定的限制。

2. PTGui

PTGui 是荷兰 New House 公司推出的一款功能强大的全景图片拼接工具,其五个字母为 Panorama Tools Graphical User Interface 五个单词的首字母。从 1996 年至今,目前版本已经升级到第 11 版。图 4-20 为 PTGui 的操作界面。

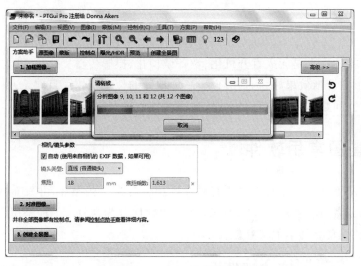

图 4-20　PTGui 的操作界面

PTGui 提供可视化界面来实现对图像的拼接,可以快捷、方便地制作出 360°和 720°的"完整球形全景图片"(Full Spherical Panorama),其工作流程非常简便:首先导入一组原始底片,然后运行自动对齐控制点,最后生成并保存全景图片文件。

软件能自动读取底片的镜头参数,识别图片重叠区域的像素特征,然后以"控制点"(Control Point)的形式进行自动缝合,并进行优化融合。软件的全景图片编辑器有更丰富的功能,支持多种视图的映射方式,用户也可以手工添加或删除控制点,从而提高拼接的精度。软件支持多种格式的图像文件输入,输出可以选择为高动态范围的图像,拼接后的图像明暗度均一,基本上没有拼接痕迹。软件提供 Windows 和 MAC 版本。

3. PanoramaStudio

使用 PanoramaStudio 软件可以从一系列照片创建 360°无缝广角全景图,提供了自动化拼接、增强和混合图像功能。可以侦测正确的焦距/镜头,拥有透视图纠正、自动化曝光修正、自动剪切、热点编辑等功能,所有步骤都可以手动完成。此软件可以导出多种图像文件格式、交互式的 QuickTimeVR 和 Java 全景图以及一个海报打印功能。PanoramaStudio 在几个步骤之内就能将简单的图片合成为完美的全景图,并为高级用户提供了强大的图片处理功能。图 4-21 为 PanoramaStudio 的操作界面。

图 4-21 PanoramaStudio 操作界面

PanoramaStudio 将站在原地拍摄一周的照片导入软件,快速自动地创建 360°无缝全景图。PanoramaStudio 支持创建单行全景图,即所有照片中心都保持在同一个水平面,像直线一样将照片中心串联在一起。也支持创建多行全景图和任意文档合并。

4. QTVR

QTVR 是 QuickTime Virtual Reality 的简称,它是美国苹果公司开发的新一代虚拟现实技术,属于桌面型虚拟现实中的一种。它是一种基于静态图像处理的、在微机平台上能够实现的初级虚拟现实技术。尽管如此,但它有其自身的特色与优势。它的出现使得专业实验室中成本昂贵的虚拟现实技术的应用与普及有了广阔的前景。

QTVR 技术有三个基本特征:①从三维造型的原理上讲,它是一种基于图像的三维建模与动态显示技术;②从功能特点上看,它有视线切换、推拉镜头、超媒体链接三个基本功能;③从性能上看,它不需要昂贵的硬件设备就可以产生相当程度的虚拟现实体验,具有兼容性好、多视角观看、真实感强、制作简单、数据量小等优点。

5. PhotoShop

PhotoShop 软件是以像素为处理单位的数字图像处理软件,主要完成图像编辑、图像合

成、校色调色及特效制作等功能。PhotoShop
也可以自动实现一组照片的拼接。其步骤
如下:

(1) 启动 PhotoShop,进入主界面。然后单
击"文件"→"自动"→"Photomerge"菜单命令,
如图 4-22 所示。打开的 Photomerge 对话框如
图 4-23 所示。

(2) 单击"浏览"按钮,导入需要拼接的照
片,如图 4-24 所示。需要注意,对话框左侧有
6 个选项,即自动、透视、圆柱、球面、拼贴和调整
位置,可选中任一选项,本例选择"自动"单选按
钮,然后单击"确定"按钮,PhotoShop 系统自动
拼接图片,如图 4-25 所示。

(3) 通过裁剪工具,将拼接后的图片的边
缘进行平滑处理,这样缝合后的照片即可完
成了。

图 4-22　菜单命令

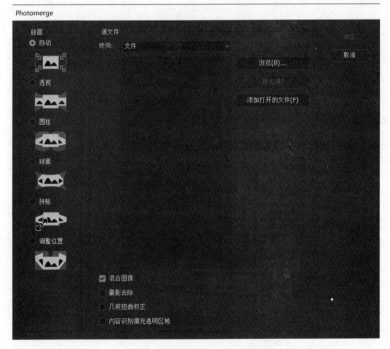

图 4-23　Photomerge 对话框

4.3.2　全景图交互软件

交互软件是模拟现实场景,让全景图可以根据人们的视线动态显示,也可以添加一些交互
功能,如放大/缩小、播放/停止、跳转等。工具也有很多,常用的是 Pano2VR、Unity 等软件。

图 4-24　导入图片

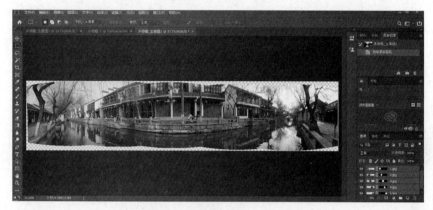

图 4-25　"自动"拼接后的效果

1．Pano2VR

Pano2VR 是全景图像转换的可视化软件,主要将全景图像转换成 HTML5 或者 Macromedia Flash 格式的文件。Pano2VR 允许输入一张图片完成自动补丁操作。操作界面如图 4-26 所示。其操作步骤包括两步。

图 4-26　Pano2VR 的操作界面

(1) 在输入栏中单击"选择输入",选择拼接完成的全景图,在弹出的对话框中,类型选择"柱形",也可以默认"自动"。

(2) 输出 Flash 图像。选择输出中的"增加"按钮,在对话框中,选择输出的路径和文件名称即可,单击"确定"就完成了全景图的制作,如图 4-27 所示。保存完成的全景图的格式有 Flash 和 HTML 两种。

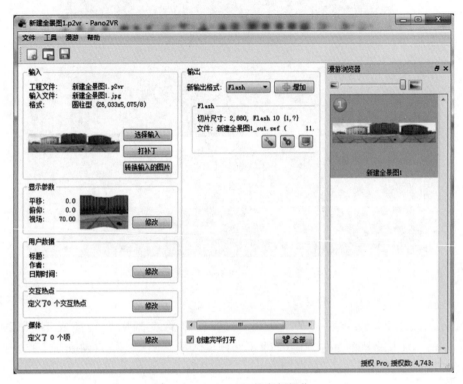

图 4-27　Pano2VR 的案例操作

2. Unity

Unity 是利用编程来实现全景图的交互。将全景图作为材质添加到球、立方体等物体上,物体的中间为全景图的拍摄点,即观测点。然后通过添加按钮、标签、导航等交互功能,实现全景图场景的跳转和提示等功能。其制作过程可以参考 4.4 节的案例制作。

4.4　全景图的案例制作

"校史馆"是大学发展历史的产物,彰显了学校的历史辉煌。但随着技术的发展,数字资源的推动,云上校史馆已经成为趋势,其目的是方便所有人随时随地的观看。图 4-28 为天津职业技术师范大学的校史馆,将交互、漫游、内容展示讲解相结合,全方位展示天津职业技术师范大学的校史,用户可以随时随地云上参观,实现了在线交互的虚拟校史馆。

校史馆的观测点的定位方式有两种,一是单击小地图上的蓝色点位跳转到对应的场景;二是根据展馆中的参观路线,单击参观路线箭头按钮实现观测点位的跳转,如图 4-29 所示。小地图上黄色扇形标识展示的是在场景中的视角,扇形会跟随场景中用户观测视角的移动

图 4-28 校史馆门口的效果

而变化。用户可以根据左上角小地图了解整个校史馆的平面结构,身临其境地观察校史馆的场景内容,也可以用鼠标和键盘控制其实际场景的视野角度和方向。

图 4-29 校史馆内景一角

本节将以天津职业技术师范大学的校史馆的一角为例介绍全景图的制作过程。

4.4.1 制作流程

全景图的制作流程分为 6 步,如图 4-30 所示。

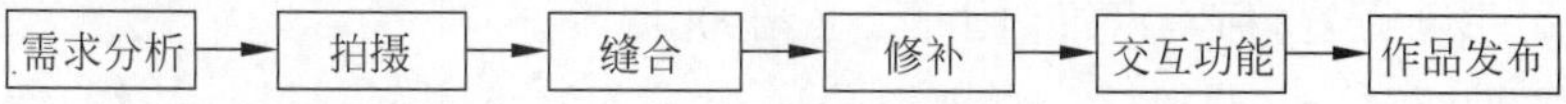

需求分析 → 拍摄 → 缝合 → 修补 → 交互功能 → 作品发布

图 4-30 全景图制作流程

需求分析是制作的基础。首先,实地考察,画出场馆的平面图,确定好拍摄点。然后,确定拍摄需要的设备:照相机、镜头、云平台和三脚架。在本次拍摄过程中,照相机为单反相机佳能 60D,镜头为标准镜头。云平台为全智能的 Gigapan 云平台,如图 4-31 所示。只需设置好左上角和右下角的拍摄位置,就能自动拍摄一组可以拼接的照片。图 4-32 和图 4-33 为相邻两张照片。图 4-34 为全景图的拍摄设备。

对于制作过程中的拍摄、照片缝合、修补、添加交互功能、发布的步骤将在后面小节中分别简述。

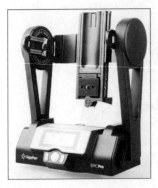

图 4-31　Gigapan 云平台

图 4-32　相邻照片中的左侧照片

图 4-33　相邻照片中的右侧照片

图 4-34　全景图拍摄设备

4.4.2　照片拍摄及技巧

在全景图制作过程中,拍摄全景照片是制作的第一步,也是较关键的步骤。全景图的效果在很大程度上取决于前期的工作质量,主要是指拍摄的素材效果,所以拍摄全景照片的素材十分重要,前期的拍摄效果好,在后期制作中就十分方便;反之,如果在前期中出现问题,在后期处理中将变得十分复杂,所以一定要重视拍摄过程。

在拍摄时,为了拍摄的一致性和稳定性,不管是单反相机的普通镜头,还是鱼眼镜头,所有的设置采用手动设置,通常设置白平衡、曝光、光圈等。

(1) 白平衡调节:人的视觉会对周围普通光线下的色彩变化进行补偿,数码相机能模仿人类对色温进行自动补偿,这种色彩校正系统就是白平衡。白平衡如果设置得不正确,将使得图像色温会偏冷(蓝色)和偏暖(红色)。在拍摄之前,应手动调整好白平衡。

(2) 曝光锁定:这是在全景摄影比较关键的一步。一个场景中的图像必须具有相同的曝光设定才能拼合出高质量的全景。不同的地方通常曝光是不一样的,通常自动试拍一张,确定其曝光值,然后再锁定曝光的设置(光圈、快门、感光度等),应用于后续的全部影像。

一个场景拍摄完成后,将全套拍摄设备移动到另一个场景进行拍摄。拍摄前需要重新进行相机的设定。其操作方法可参照上述的步骤,当然每一个场景需要拍摄更多的照片,注意画面相邻的照片要重叠 15% 以上。

校史馆的制作中,为了制作720°的全景图,设置了左上角拍摄角度后,旋转一周设置了右下角的拍摄角度。云平台根据设置全自动拍摄,每个观测点拍摄70张图片,水平一圈拍摄10张照片,垂直拍摄7张照片,图4-35为一个观测点拍摄的所有的照片。

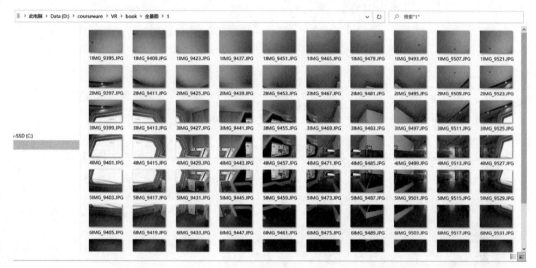

图 4-35　全景图的照片集

4.4.3　照片的缝合

利用PTGui软件对照片进行缝合。打开PTGui软件,按照以下步骤进行操作。

(1) 单击"加载图像",在打开的对话框中,选择所有要导入的照片,按照从左到右、从上到下的顺序导入照片。加载后的效果如图4-36所示。

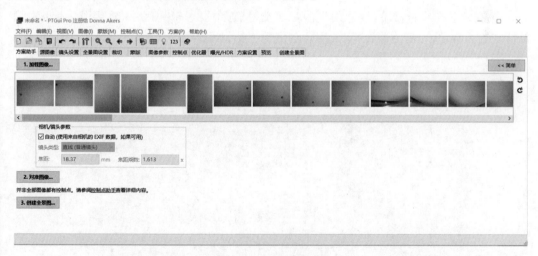

图 4-36　导入照片集

(2) 单击"对准图像",完成图像的配准和融合的初步操作。由于相邻照片间对应控制点是通过电脑程序自动获取的,如果特征不明显,则控制点就会丢失。所以,为了拼接的效果更优,手动对控制点进行设置。

（3）单击页面上方的"控制点"选项卡，选择相邻的照片。在打开的对话框中，左侧图为相邻照片中的左侧照片，或者上面的照片。而右侧图为相邻照片中的右侧照片，或者下面的照片。两张照片中的数字为相对应的控制点（匹配点），数字为对应点的编号。图 4-37 左图为编号为 20 的照片，右图为编号为 30 的照片，二者为上下相邻。如果控制点较少，则可以凭借经验，在左侧或者右侧照片中，鼠标单击设置控制点，然后在另一侧照片中找到相应的控制点，鼠标单击完成相邻照片相似控制点的设置。

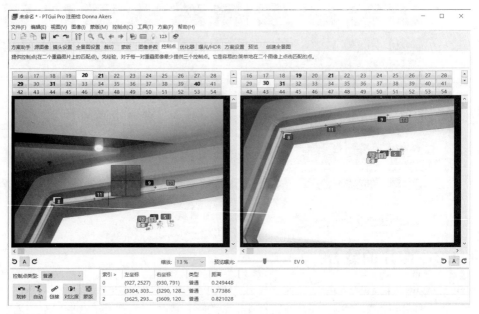

图 4-37　设置控制点

（4）在全景图编辑器中，选择编辑照片快捷键，选中要编辑的照片，然后通过鼠标操作（鼠标左键为移动，右键为旋转）完成照片的完美拼接，如图 4-38 所示。

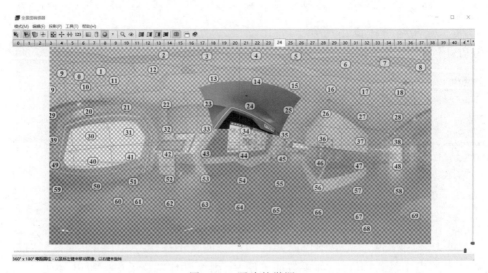

图 4-38　照片的微调

（5）导出全景图，能够看到三脚架的腿，如图4-39所示。为了场景的真实感，可以使用蒙版功能将其去掉。单击窗口上方的"蒙版"按钮，选中要编辑的照片，选择红色着色，使用鼠标在三脚架的区域涂抹，如图4-40所示。以同样的方式，涂抹其他的照片。

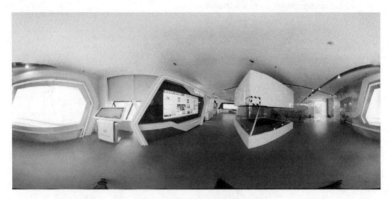

图4-39　带有三脚架腿的全景图

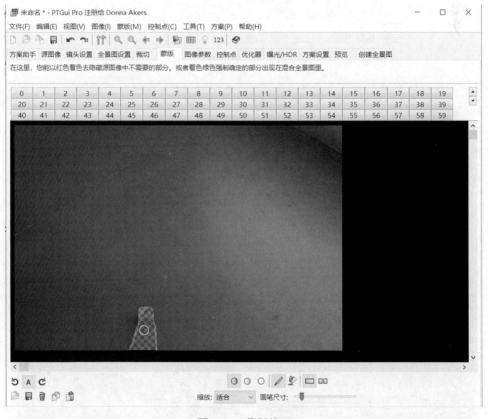

图4-40　蒙版处理

（6）调整好照片后，为使控制点匹配的更加紧密，照片拼接更加自然，使用优化器对全景图进行优化。打开优化器，单击"运行优化器"，软件自动优化照片，如图4-41所示。

图 4-41　优化器

（7）优化后的全景图如图 4-42 所示。然后选择"创建全景图"，设置宽高比为 2∶1，单击"浏览"设置全景图输出路径。最后，单击"创建全景图"，完成全景图的创建，如图 4-43 所示。导出的效果图如图 4-44 所示。可以看出，导出的全景图存在部分残缺，所以，需要后期利用特殊的软件进行修补。

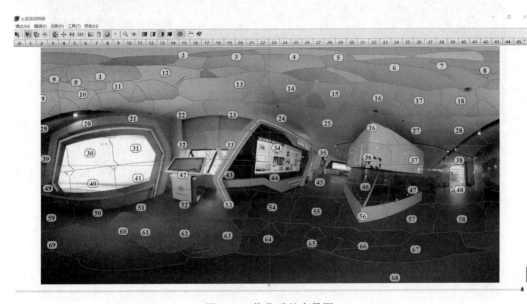

图 4-42　优化后的全景图

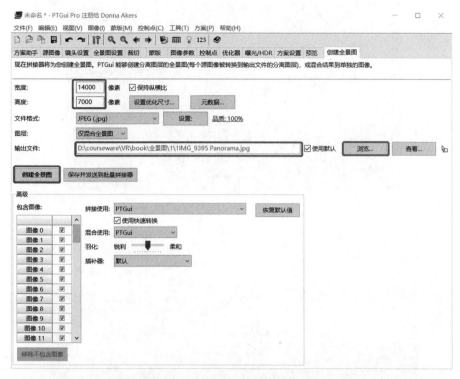

图 4-43 全景图导出的参数设置

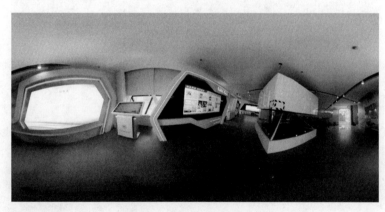

图 4-44 导出的完整全景图

4.4.4 后期修补

专业图像处理软件 PhotoShop 是专业级别的处理图像的软件,功能强大,操作界面友好,不仅可以进行图像的编辑,还可以图形的创作。所以,在全景图的后期修补中,采用了 PhotoShop 软件。

(1)打开 PhotoShop 软件,将全景图打开,如图 4-45 所示。

(2)使用图章工具,对全景图中的局部进行微调。图 4-46 为微调后的效果。

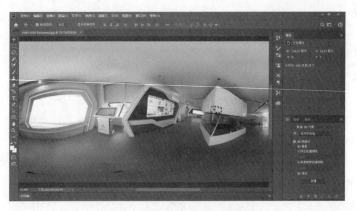

图 4-45　PhotoShop 打开全景图

图 4-46　微调后的效果

（3）单击菜单栏中的"3D(D)"选择"球面全景图"下的"通过选中的图层新建全景图图层"，如图 4-47 所示。实现了二维全景图转换为三维全景图，即以立体的形式观看全景图，方便于局部的观察。

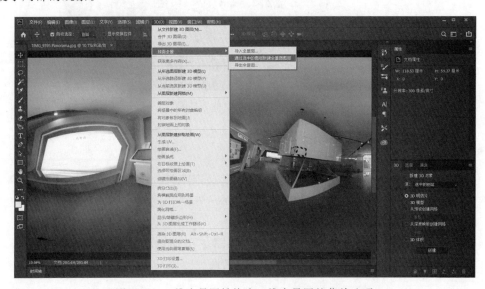

图 4-47　二维全景图转换为三维全景图的菜单选项

（4）调整三维全景图的视角，观看全景图的局部，如果拼接有问题，则利用 Photoshop 工具进行处理。尤其要观看全景图的上顶和地面是否有拼接的缺口。图 4-48 为天花板顶的最终效果。图 4-49 为地面的最终效果。

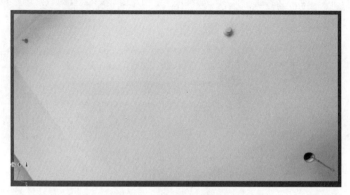

图 4-48　天花板顶的最终效果

图 4-49　地面最终效果

（5）最后导出 png 格式的全景图。选择"3D(D)"中"球形全景"中的"导出全景图"，如图 4-50 所示。选择保存的路径，并命名。图 4-51 为导出的界面。图 4-52 为全景图的最终效果。

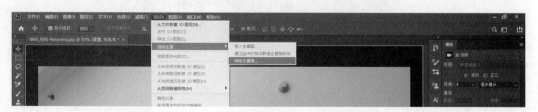

图 4-50　导出全景图菜单选项

4.4.5　动态全景图

动态全景图是模拟人在真实场景下的观测效果。全景图由二维的转换为三维的进行展示。本案例采用了 Unity 软件来实现。其原理是将场景模拟为一个球体，球体的中心是观

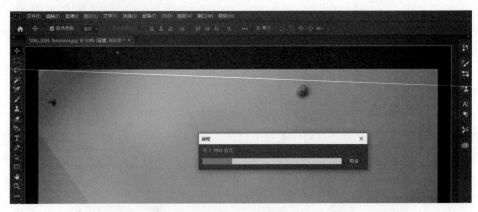

图 4-51   导出界面

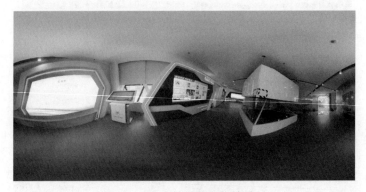

图 4-52   全景图的最终效果

察点,从球心到向外是观察者的观察视角。因此,在制作动态全景图时,首先制作一个用于模拟场景的球体,然后全景图以球面材质的形式附着在球体上,接着将相机放在球心模拟用户的观看视角,即可达到观看全景图的效果。

(1)新建 Unity 工程文件,将全景图素材导入到 Project 面板中。在 Inspector 面板中,将 Texture Type 修改为 Sprite(2D and UI),如图 4-53 所示。

图 4-53   导入全景图

(2)在场景中,创建一个球体,球体要足够大,保证能包围住照相机。也就是说,照相机放在球心时,要完全被包围,不会出现穿帮的现象。在此,球体的 Scale 修改为 30,30,30,如图 4-54 所示。

(3)在 Project 面板中,新建 Material,命名为 Material。然后单击 Create→Shader→Standard Surface Shader,如图 4-55 所示。新建 Shader,命名为 SphereShader。如图 4-56 所示。双击 SphereShader,在"LOD 200"程序语句下,添加"CullFront"代码,保证在球体内能够看到内容,如图 4-57 所示。

图 4-54　新建球体

图 4-55　新建 Shader

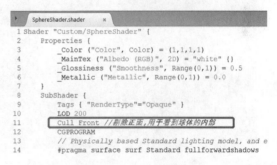

图 4-56　新建 Shader 的效果　　　　　　图 4-57　Shader 的修改

（4）将 SphereShader 拖入到 Material 中，如图 4-58 所示。并将全景图拖入到 Material 中的"Texture"，如图 4-59 所示。最后将材质球 Material 拖入到场景中的 Sphere 上，如图 4-60 所示。

图 4-58　Shader 拖入到材质球

图 4-59　全景图拖入到材质球

图 4-60　添加材质的球体

（5）最后，将照相机放入到球心的位置，如图 4-61 所示。到此，全景图的动态演示已经完成了，图 4-62 为最后演示的效果。接下来对多个全景图进行管理。

图 4-61　照相机放入到球心位置

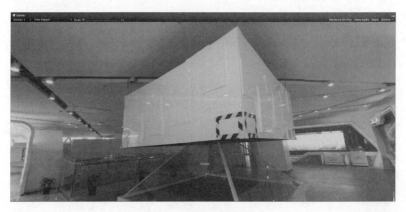

图 4-62　最后的演示效果

（6）在 Hierachy 面板中创建 UI 图像，如图 4-63 所示。

（7）将小地图拖入到 Project 面板中，更改 Texture Type 属性为"Sprite(2D and UI)"。然后拖入到 Canvas 下 Image 的 Inspector 面板的 Source Image 中，如图 4-64 所示，根据场景大小，调整 Image 的大小，本案例 Image 的 Width 为 250，Height 为 300。

图 4-63　UI 图像

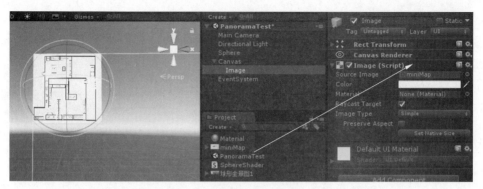

图 4-64 场馆的小地图

（8）添加 UI 按钮 Button，调整大小，放入到全景图对应的位置，如图 4-65 所示。

图 4-65 添加 Button 的效果

（9）将 Button 与 Sphere 连接起来。点击 Button 的 Inspector 面板中的"OnClick"，选择
"Runtime Only"，然后将 Hierachy 面板中的"Sphere"拖入到"Object"中。在"No Function"中选
择"GameObject"下的"SetActive"，如图 4-66 所示。最终效果如图 4-67 所示。

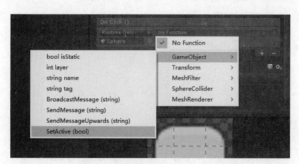

图 4-66 添加 SetActive 函数

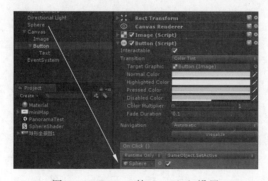

图 4-67 Button 的 On Click 设置

（10）摄像机的旋转。通常情况，为了实现全景图的漫游，需要对摄像机进行控制，主要是控制旋转。添加 C♯代码，命名为"CameraControlScript"。代码如下：

```
public class CameraControlScript : MonoBehaviour {
        static public float x;
        private float y;
        public float xSpeed = 250.0f; //x方向移动的速度
    public float ySpeed = 120.0f;//y方向移动的速度
    // Use this for initialization
        void Start () {
        }
        // Update is called once per frame
        void Update () {
            //键盘控制交互
        if(Input.GetKey(KeyCode.A)){
            x - = xSpeed * Time.deltaTime / 10;
            y = Mathf.Clamp (y,-80,80);
            transform.rotation = Quaternion.Euler (y, x, 0);
        }
    if (Input.GetKey (KeyCode.D)) {
            x - = xSpeed * Time.deltaTime / - 10;
            y = Mathf.Clamp (y,-80,80);
            transform.rotation = Quaternion.Euler (y, x, 0);
        }
        if (Input.GetKey (KeyCode.W)) {
            y + = ySpeed * Time.deltaTime / - 4;
            y = Mathf.Clamp (y,-80,80);
            transform.rotation = Quaternion.Euler (y, x, 0);
        }
        if (Input.GetKey (KeyCode.S)) {
            y + = ySpeed * Time.deltaTime / 4;
            y = Mathf.Clamp (y,-80,80);
            transform.rotation = Quaternion.Euler (y, x, 0);
    }
        //触摸屏触摸交互
    if(Input.touchCount = = 1){
            if (Input.GetTouch (0).phase = = TouchPhase.Moved) {
            x - = Input.GetTouch (0).deltaPosition.x * xSpeed * Time.deltaTime / 60;
            y + = Input.GetTouch (0).deltaPosition.y * ySpeed * Time.deltaTime / 60;
            y = Mathf.Clamp (y, -80, 80);
            transform.rotation = Quaternion.Euler (y, x, 0);
            }
        }
    }
}
```

（11）地图的扇形设计，用于显示当前摄像机的视野，即实现扇形图标跟随摄像机的旋转而转动。在画布中创建 Image，命名为"View"。将圆形图标文件拖入到工程文件，更改 Texture Type 属性为"Sprite(2D and UI)"，并拖入到 View 中的"Source Image"，再将 Color 改为蓝色，如图 4-68 所示。然后在 View 下新建 UI 的 Image，命名为"ViewIcon"，将扇形工具拖入到 Project 面板中,更改 Texture Type 属性为"Sprite(2D and UI)"。再拖入到 ViewIcon 中的"Source Image",将颜色改为黄色,如图 4-69 所示。

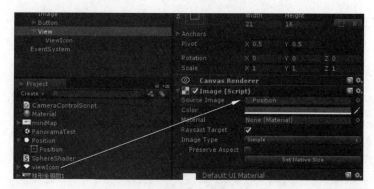

图 4-68 View 的设置

图 4-69 ViewIcon 的设置及最终效果

(12) 为了将摄像机与 ViewIcon 连接,即实现摄像机的跟随,则新建 C♯脚本,命名为"ViewScript"。代码如下。然后将 ViewScript 挂在 View 物体上。

```
public classViewCOntrolScript : MonoBehaviour {
    // Use this for initialization
        void Start () {

        }
        // Update is called once per frame
        void Update () {
            transform.rotation = Quaternion.Euler (0,0,- CameraControlScript.x);
        }
}
```

到此为止,全景图的制作已经完成了。运行效果如图 4-70 所示。最后选择发布平台(PC Android,IOS)发布为可执行文件即可。

应特别注意的是,在此案例中,制作了一个全景图。如果场景由多个全景图组成,则需要创建多个球体,然后将全景图分别放在球体里。接着制作多个按钮,分别放在小地图的相应位置,然后撰写代码,以数组的形式,实现场景与小地图按钮的对应管理。最后对按钮编写代码,实现单击按钮转换全景图的功能。

图 4-70　最后演示效果

第 5 章

Unity 基础

5.1　初识 unity

5.1.1　Unity 简介

Unity 是由 Unity Technologies 公司开发的一个多平台的综合型游戏开发工具,是一个全面整合的专业游戏引擎。2004 年,Unity 诞生于丹麦的阿姆斯特丹,2005 年发布了 Unity 1.0 版本。起初应用于 MAC 平台,主要针对 Web 项目和 VR 的开发。2008 年推出 Windows 版本,并开始支持 iOS,才逐步从众多的游戏引擎中脱颖而出,并顺应移动游戏的潮流而变得炙手可热。2010 年,Unity 开始支持 Android,继续扩散影响力。2012 年 Unity 上海分公司成立,正式进军中国市场。

Unity 不仅限于游戏行业,在虚拟现实、增强现实、工程模拟、3D 设计、建筑设计展示等方面也有着广泛的应用。国内使用 Unity 进行虚拟仿真教学平台、房地产三维展示等项目开发的公司非常多,例如绿地地产、保利地产、中海地产、招商地产等大型房地产公司的三维数字楼盘展示系统,很多都是使用 Unity 进行开发。

Unity 提供强大的关卡编辑器,支持大部分主流的 3D 软件格式,使用 C♯ 或 JavaScript 等高级语言实现脚本功能,使开发者无须了解底层复杂的技术,快速地开发出具有高性能、高品质的交互式产品。

随着 iOS、Android 等移动设备的大量普及和虚拟现实在国内的兴起,Unity 因其强大的功能、良好的可移植性,在移动设备和虚拟现实领域得到了广泛的应用和传播。

安装 Unity 可以使用 Unity Hub 管理程序。

第一步:下载 Unity Hub。下载地址为 https://store.unity.com/cn/download,下载时需要满足网页中显示的几个条件,并注册账户。

第二步:安装 Unity Hub 完成之后打开,选择需要安装的 Unity 版本,单击下载即可。

5.1.2　Unity 项目框架

Unity 项目文件包含多个场景,项目运行时,可以在这些场景间切换。每个场景中可以创建多个游戏对象,场景由游戏对象组成。游戏对象的特性和功能被细分成不同的组件,选择不同的组件就可以组合出不同的游戏对象。脚本也是一种组件,游戏对象需要挂载脚本,添加相应的脚本即可。Unity 项目的框架结构如图 5-1 所示。

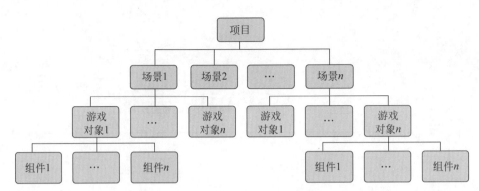

图 5-1　Unity 项目的框架结构

5.2　窗口界面

5.2.1　场景窗口

开发 Unity 产品,首先需要创建 Unity 项目。Unity 项目创建好后,可以打开 Unity Editor(Unity 编辑器)进行编辑,Unity 编辑器界面包含有 Scene(场景窗口)、Hierarchy(层级面板)、Project(工程面板)、Inspector(检视面板)等,如图 5-2 所示。

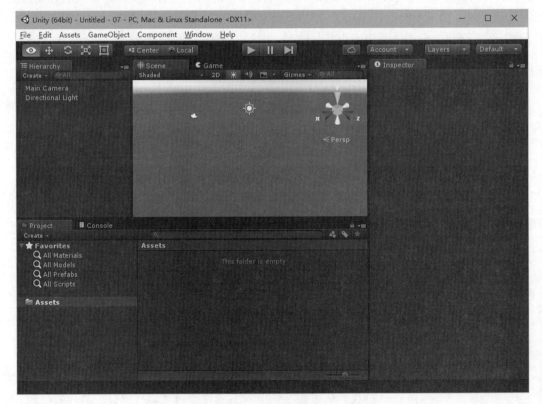

图 5-2　界面组成

一个项目可以包含多个场景,项目运行时,可以在这些场景间切换,每个场景可以创建和编辑多个对象。

1. 对象基本变换

1) 操作工具栏

场景操作工具栏包括 5 个按钮,如图 5-3 所示,各按钮功能如下。

图 5-3 工具栏

手形工具,选择后按住鼠标左键用于移动场景,按住鼠标右键用于旋转场景(以自身为轴心),按住 Alt 键+鼠标左键旋转场景(以选中物体的坐标轴为轴心),按住 Alt+鼠标右键缩放场景。

移动工具,用于移动场景中的物体。

旋转工具,用于旋转场景中的物体。

缩放工具,用于缩放场景中的物体。

矩形工具,用于改变物体长款比例。

案例 1: 对象变换操作

实现对象的三种基本变换操作,包括移动、旋转和缩放,分别改变对象的位置、角度和大小。三种基本变换的操作控制框如图 5-4~图 5-6 所示。

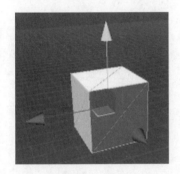
图 5-4 移动

图 5-5 旋转

图 5-6 缩放

2. 场景漫游

为方便对象的编辑,可以平移、环视、缩放场景视图,使场景中的对象最大化显示,还可以漫游场景。

(1) 平移。

① 平移按钮按下后,按住鼠标左键拖动;

② 按住鼠标滚轮(或中键)拖动。

(2) 环视。

① 按住鼠标右键拖动;

② Alt+鼠标左键拖动。

(3) 缩放。

① 滚动鼠标滚轮;

② Alt+鼠标右键拖动。

(4) 聚焦。

即对象最大化,在 Hierarchy 面板中:

① 选中对象,按下 F 键;

② 双击选中对象。

(5) 场景漫游。

按住鼠标右键后,分别按下 W、S、A、D 键,可以实现向前、后、左、右四个方向的漫游。

3. 视图控制

场景视图分为 2D 投影视图和 3D 立体视图两大类。

(1)2D 投影视图:Front 前视图、Back 后视图、Left 左视图、Right 右视图、Top 顶视图、Bottom 底视图。

(2) 3D 立体视图:Perspective 透视图(Persp)、Orthographic 正交视图(Iso)。

视图切换方法:①可以通过单击场景视图右上角的坐标轴架;②在坐标轴架的右键菜单中选择相应的视图。

★提示:Game 窗口也叫游戏视图,是摄像机渲染的视图,也就是向开发者展示内容。

5.2.2 层级面板

层级(Hierarchy)面板按名称列出了场景中的所有对象,当在场景中创建或删除对象时,Hierarchy 面板将同步更新。对象间存在父子层级关系时,Hierarchy 面板可以清晰地查看对象父子关系。

1. 创建 3D 物体

在 Hierarchy 面板右键→3D Object→选择要创建的 3D 物体。

2. 删除物体

在 Hierarchy 面板单击要删除的物体→右键→Delete。

3. 重命名

在 Hierarchy 面板单击要重命名的物体→再次点击。

4. 显示/隐藏物体

在 Hierarchy 面板单击目标物体→勾选或取消图示复选框。

5.2.3 项目面板

项目(Project)面板列出了开发者创建或导入的所有资源,包括场景、脚本、模型、材质、贴图、音频、预置对象等,通常这些资源被分门别类地放置在不同的文件夹中,而所有资源又被放置在 Assets 文件夹中。项目资源面板的资源采用与资源管理器中组织方式一样,左侧是树形导航窗格,右侧是浏览窗格。

★提示:当场景中有相同物体时,将它制作成预制件,这样当物体需要修改时可以批量修改,修改预制件则所有由此预制件生成的物体都会随之变化。生成预制件方法:Hierarchy 面板中选中目标物体→拖到 project 面板中就生成了预制件,生成后物体的颜色会变成蓝色。

5.2.4 检视面板

检视面板(Inspector)实现组件的添加、移除和组件属性的查看、编辑。

每个对象都有一个 Transform 组件,当创建一个游戏对象时,会自动为该对象创建 Transform 组件。Transform 组件主要通过 Position、Rotation 和 Scale 属性来控制游戏对象的移动位置、旋转角度和缩放比例,如图 5-7 所示。

图 5-7 Transform 组件

5.3 物理引擎

现实生活中的物体遵循自然界的物理现象和物理定律,计算机软件中对物理自然现象的模拟通过物理引擎来实现。物理引擎通过为刚性物体赋予真实的物理属性的方式计算运动、旋转和碰撞反应。

物理引擎的作用,就是使虚拟世界中的物体运动符合真实世界的物理定律,以使项目更加富有真实感。

5.3.1 刚体

刚体,在物理学中的定义是形状不会发生改变的理想化模型,即在受力之后其大小、形状和顶点相对位置都保持不变的物体,例如铅球落到地上时其形状是基本不变的。刚体是相对于软体和流体而言的。在虚拟世界中刚体常作为物理模拟的基本对象。

刚体使物体能在物理控制下运动,刚体可通过接受力与扭矩,使物体像现实世界一样运动。

1. 刚体的添加

刚体组件的添加方法有以下三种。

方法一:【Component】→【Physics】→【Rigid body】。

方法二:【Inspector】面板下端,单击【Add Component】按钮,选择【Physics】→【Rigid body】。

方法三:脚本添加。

```
GameObject obj = GameObject.Find ("box");
//实例化"box"类型的对象 obj
obj.gameObject.AddComponent < Rigidbody >();
//为 obj 对象添加刚体组件
```

2. 属性设置

Mass:物体的质量。

Drag:阻力,物体移动时受到的阻力,0 表示无阻力,一般钢铁是 0.001,羽毛是 10。

Angular Drag:角阻力,物体旋转时受到的阻力。

Use Gravity:是否使用重力,激活后受重力影响。

Is Kinematic:激活后,不再受物理引擎控制。

5.3.2 碰撞器

1. 添加碰撞器

选择物体→[Component]→[Physics]→选择碰撞器。

常见碰撞器：

Box Collider:立方体碰撞器,形状是立方体的碰撞器。

Sphere Collider:球形碰撞器,形状是球形的碰撞器。

Capsule Collider:胶囊碰撞器,形状是胶囊形的碰撞器。

Mesh Collider:网格碰撞器,根据网格形状生成的碰撞器。

2. 碰撞检测

虚拟场景中,当主角与其他 GameObject 发生碰撞时,需要进行一些操作或完成一些功能,这时,就需要检测到碰撞现象,即碰撞检测。碰撞检测实现方法如下。

(1) OnCollisionEnter(Collision collisionInfo)

当 collider/rigidbody 进入另一个 rigidbody/collider 时 OnCollisionEnter 被调用。

(2) OnCollisionExit(Collision collisionInfo)

当 collider/rigidbody 离开另一个 rigidbody/collider 时 OnCollisionExit 被调用。

(3) OnCollisionStay(Collision collisionInfo)

当 collider/rigidbody 逗留在另一个 rigidbody/collider 时 OnCollisionStay 被调用。

案例 2:高空坠物

要点:物体因重力作用,从高空落下,碰到物体发生了不同的碰撞效果。

(1) 在 Hierarchy 面板中,单击 Create→3D Object→Plane,添加组件 Plane,作为场景的地面,在 Inspector 中,设置 scale 为 2,2,2。

(2) 同样的方法,添加组件 Cube,作为坠物。在 Inspector 中,修改 Position 中高度 Y 的值为 5,Rotation 中三个变量的值设置为任意值,使物体旋转一定的角度。

(3) 在 Project 面板中,单击 Create→Material,新建材质,命名为 CubeMaterial。选择 CubeMeterial 材质,在 Inspector 中,设置 Albedo 为红色,如图 5-8 所示。最终效果如图 5-9 所示。

图 5-8　材质的设置

图 5-9　最终效果图

(4) 选择 Cube,在 Inspector 中,单击"Add Component",添加刚体 Rigidbody 组件,勾选"Use Gravity"属性。设置如图 5-10 所示。

(5) 运行程序,Cube 从高空落下,并落在 Plane 上,如图 5-11 所示。

此时,问题来了,为什么 Cube 会落到 Plane 上,而不是穿透继续下落呢? 主要是因为 Unity 自带的 3D 物体,都添加了碰撞器。

图 5-10 Rigidbody 设置界面

图 5-11 运行后的效果

如果要让两个物体发生碰撞,至少有一个物体要带有刚体组件。即碰撞条件是:碰撞两物体都添加碰撞组件,运动的物体添加刚体组件,如图 5-12 所示。运动物体 A 在场景(静止 B)中运动,如果 A 碰到 B 则发生碰撞,产生碰撞效果。

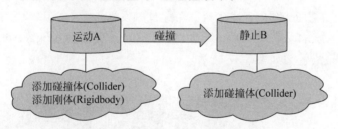

图 5-12 两物体碰撞产生碰撞效果的条件

修改上面的案例,验证碰撞效果。

(1) 在场景中,单击 Hierarchy 面板中的 Create→3D Object→Cube,添加中间层物体 Cube,命名为 Cube2,修改 Rotation(3,0.1,3)。

(2) 在 Project 中,单击 Create→Material,创建材质,命名为 Cube2Material,修改 Inspector 中的 Albedo 为紫色,并将材质球拖入到 Cube2 上。

(3) 选择 Cube2,单击 Inspector 中的 Box Collider 碰撞体下的"Edit Collider",如图 5-13 所示。编辑 Cube2 的碰撞器,使之一半有碰撞器,一半没有碰撞器,如图 5-14 所示。

图 5-13 编辑碰撞体界面

(4) 运行程序,最终效果是物体掉落到有碰撞体区域发生了碰撞效果,在无碰撞体区域发生了穿墙而过的效果,如图 5-15 所示。

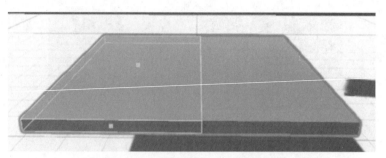

图 5-14   编辑碰撞体后的最终效果

图 5-15   添加碰撞体的运行效果

　　观察图 5-13 可知,未选中选项"Is Trigger"。"Is Trigger"用来设定碰撞体是否转换成触发器。如果选中,则碰撞体将成为一个触发器,当碰撞体与触发器相碰时,会触发事件,但是不像碰撞那样产生物理效应,碰撞体会直接穿过触发器。

　　继续修改上一个案例,将物体 Cube2 的 Box Collider 中的 Is Trigger 勾选,如图 5-16 所示。再运行程序,最终效果如图 5-17 所示。

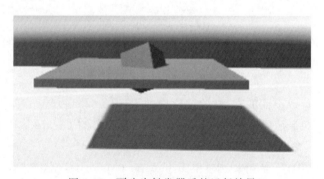

图 5-16   触发器设置   图 5-17   更改为触发器后的运行效果

5.4　地形

　　Unity 提供了一个功能强大、制作灵活的地形系统 Terrain,可以实现快速创建各种地形,如添加草地、山石等材质,添加树木、花草等对象,从而创建出逼真自然的地形环境。

5.4.1　导入资源包

制作地形,需要导入资源包。资源包是 Unity 开发的可以供用户使用的各种资源,也可以是第三方开发的各种资源(免费或收费),包括 3D 模型、贴图和材质、环境、粒子系统、摄像机、着色器、音频、动作、脚本等。导入资源包方法如下。

方法一:菜单导入,依次单击菜单栏的 Assets→Import package。

方法二:在 Project 面板中空白处单击鼠标右键选择 Import package。

方法三:资源包直接拖入 project 面板中。

5.4.2　创建地形

单击菜单【GameObject】→【3D Object】→【Terrain】,在场景中自动添加一个 Terrain 对象,如图 5-18 所示。

该对象包括三个组件:Transform 组件、Terrain 组件和 Terrain Collider 组件。

Terrain 对象不能通过 Transform 组件中的"Scale"属性修改大小,需要通过"Terrain 组件"中"设置选项卡"中的"Terrain Width 和 Terrain Height"属性进行设置。Terrain 组件对地形进行编辑和修改。

5.4.3　编辑地形

"Terrain 组件"中的 7 个按钮就是绘制地形工具,如图 5-19 所示。

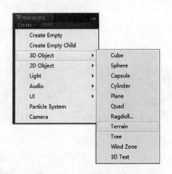

图 5-18　创建地形

图 5-19　编辑地形按钮

图 5-19 的解释:

提升/降低地形高度;

绘制目标高度;

平滑高度;

绘制纹理贴图;

绘制树木;

绘制花草;

地形设置。

案例 3:室外地形

要点:绘制室外起伏地形,并添加植物。

（1）单击 Hierarchy 面板的 Create 菜单，在弹出下拉菜单选择 3D object/Terrain，新建地形，如图 5-20 所示。

（2）单击 Inspector 中 Terrain 标签的地形设置按钮，如图 5-21 所示。

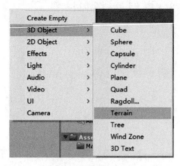

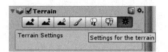

图 5-20　新建地形　　　　　　　　　　图 5-21　设置地形

（3）单击 Terrain 标签的地形高度设置按钮，如图 5-22 所示，绘制效果如图 5-23 所示。

图 5-22　地形高度按钮　　　　　　　　　图 5-23　地形效果

（4）导入 Unity 的标准资源包 standard package，单击 Terrain 标签中的纹理设置按钮，如图 5-24 所示。然后打开对话框，选择贴图，然后在场景中绘制，绘制效果如图 5-25 所示。

图 5-24　纹理按钮　　　　　　　　　　图 5-25　纹理效果

（5）单击 Terrain 标签中的添加树木按钮，如图 5-26 所示。打开对话框，选择树木贴图，然后在场景中绘制，可以多次选择多次绘制，绘制效果如图 5-27 所示。

图 5-26　添加树木按钮　　　　　　　　　图 5-27　绘制效果

5.5 材质和贴图

5.5.1 材质

材质是指定给对象的曲面或面，以在渲染时按某种方式出现的数据信息。主要用于描述对象如何反射和传播光线，为对象表面加入色彩、光泽、纹理和不透明度等，它包含基本材质属性和贴图。

Unity 中材质是一种资源，不是一种可以单独显示的对象，通常赋给场景中的对象，对象表面的色彩、纹理等特性由添加给该对象的材质决定。

1．创建材质

方法一：菜单【Assets】→【Create】→【Material】。

方法二：Assets 面板，右键菜单【Create】→【Material】。

2．为对象指定材质

方法一：直接将材质拖动到场景的对象上。

方法二：将材质拖到 Hierarchy 面板的对象名称上。

5.5.2 贴图

贴图是指定给材质的图像。可以将贴图指定给构成材质的大多数属性，可以影响对象的颜色、纹理、不透明度以及表面质感等。Unity 中通过 Material 类的"MainTexture"属性来表现对象表面的纹理贴图。

1．贴图指定给材质

有两种方法可以将一个贴图纹理应用到一个属性。

方法一：将贴图纹理从资源面板中拖动到方形纹理上面。

方法二：单击 Select(选择) 按钮，然后从出现的对话框中选择纹理。

2．贴图类型

导入 Unity 中的图片，默认为 Texture 类型，可以直接指定给材质的某个属性，在 Inspector 面板中可以将其设置为其他类型，如 Normal Map(法线贴图)、Sprite(精灵贴图)、Cursor(鼠标贴图)等。

Shader 着色器：专门用来渲染 3D 图形的技术，可以使纹理以某种方式展现。实际就是一段嵌入到渲染管线中的程序，可以控制 GPU 运算图像效果的算法。

Texture 纹理：附加到物体表面的贴图。

Albedo：反照率参数，控制表面的基色，一般我们都是给 Albedo 参数分配纹理贴图。

Metallic：金属参数，决定了表面的"金属化"。当金属化参数调整到更大时，材质更金属化，它将更多地反映环境。

Smoothness：平滑度参数，平滑度越低则漫反射越多，而调高平滑度则镜面反射变多。

Normal Map：法线贴图，是一种凹凸贴图。它们是一种特殊的纹理，在不增加模型面数的情况下，允许将表面细节加到能捕获光(接收光照)的模型中，看起来就像由实际的模型面来表示一样。

Height Map：高度贴图，与法线贴图类似，这种技术更复杂，性能也更高。Heigh map 通常与 normal map 一起使用，通常它们用于给纹理贴图负责渲染突起的表面提供额外的定义。

案例 4：对象旋转

要点：创建立方体，添加材质，按下 R 键，立方体绕 Y 轴旋转。

制作步骤如下。

（1）单击 Hierarchy 面板的 Create 菜单，在弹出下拉菜单选择 3D Object/Cube，创建立方体，如图 5-28 所示。

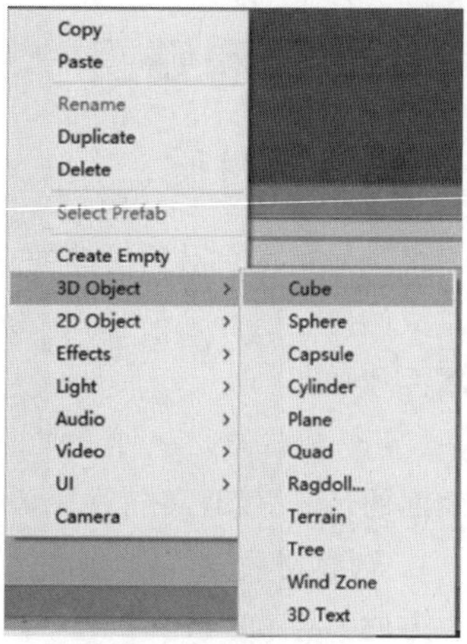

（2）将 Project 面板的 Assets 中的材质图拖到立方体上，如图 5-29 所示。效果如图 5-30 所示。

图 5-28　创建立方体

（3）在 Project 面板的 Assets 中，右击新建脚本，如图 5-31 所示。

（4）添加旋转语句，如图 5-32 所示。

（5）运行程序，按下 R 键，立方体沿 Y 轴旋转。

图 5-29　添加 Assets 的图

图 5-30　添加材质效果

图 5-31　新建脚本

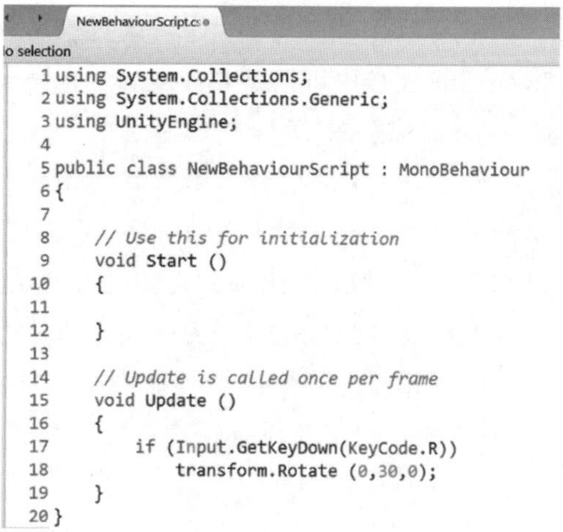

```
  NewBehaviourScript.cs
io selection
  1 using System.Collections;
  2 using System.Collections.Generic;
  3 using UnityEngine;
  4
  5 public class NewBehaviourScript : MonoBehaviour
  6 {
  7
  8     // Use this for initialization
  9     void Start ()
 10     {
 11
 12     }
 13
 14     // Update is called once per frame
 15     void Update ()
 16     {
 17         if (Input.GetKeyDown(KeyCode.R))
 18             transform.Rotate (0,30,0);
 19     }
 20 }
```

图 5-32　添加语句

5.6　光照系统

光照是模拟真实灯光的对象,如建筑内部各种灯具、舞台和电影工作时使用的灯光设备以及太阳光本身。灯光是一种特殊对象,它不被渲染显示,但可以影响周围物体表面的光泽、色彩和亮度,通常与材质、环境共同作用,增强了场景的清晰度、真实感、层次性。不同种类的灯光对象有不同的投射方法,模拟真实世界中不同种类的光源。

当新建一个场景时,场景中默认创建一个方向光——Directional light。

5.6.1　光照类型

现实世界中光源的类型包括直接光、间接光、环境光、反射光等。在 Unity 中提供了 4 种直接光,分别是平行光、点光源、聚光灯和区域光。

1. 光照类型

平行光:由光源发射出的相互平行的光。使用平行光,可以把整个场景都照亮,可以认为平行光是整个场景的主光源,一般用于模拟太阳光或月光等户外光线,如图 5-33 所示。

点光源:点光源的光线由光源中心向周围 360° 发射,照射区域范围为一个球体。通常用来模拟灯泡等光源,如图 5-34 所示。

聚光灯:聚光灯的光线投射区范围是一个圆锥体,向一个方向发射。聚光灯可以用来模拟舞台聚光灯或手电筒等光源的灯光,如图 5-35 所示。

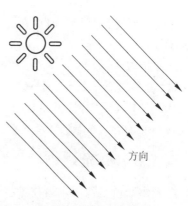

图 5-33　平行光效果图

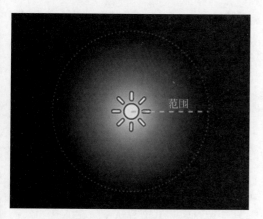

图 5-34　点光源效果图

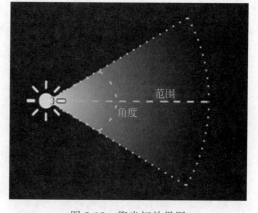

图 5-35　聚光灯效果图

区域光:区域光由一个面向一个方向发射光线,只照射区域内物体,并且只在烘焙时有效,如图 5-36 所示。

2. 灯光属性

灯光常用属性有 Type(灯光类型)、Range(灯光照射范围)、Color(灯光颜色)、Intensity

(灯光亮度)等,如图 5-37 所示。

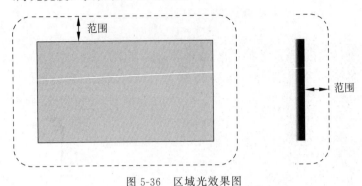

图 5-36 区域光效果图

图 5-37 灯光属性

5.6.2 实时光照

所谓实时光照是指实时更新光线信息,在运行状态时任意修改光源所有的变化可以立即更新。

操作步骤:

(1) 选择光源→【Mode】→【Realtime】。

(2) 在工具栏找到【Window】→【Light】→【Settings】。

(3) 在灯光设置中将环境光模式调成【Realtime】→勾选自动更新【Auto Generate】。

5.6.3 灯光烘焙

灯光烘焙就是使用烘焙技术将光线效果、阴影信息等预渲染成贴图信息作用在物体上,烘焙灯光只对静态物体有效。

操作步骤:

(1) 将物体设置成静态物体,点选物体→勾选静态【Static】。

(2) 将灯光设置成烘焙模式,点选光源→【Mode】→【Baked】。

(3) 在光照设置中将环境光模式改成【Baked】→取消勾选自动更新【Auto Generate】→单击【Generate Lighting】开始烘焙。

5.7 动画

5.7.1 动画剪辑

导入到 Unity 中的 3D 动画称为动画剪辑(Animation Clip),动画剪辑包含一段相对完整的动画,一个角色可以带多个动画剪辑。当把带有动画的 3D 模型导入到 Unity 中时,会自动创建动画剪辑。

Animation Clip 动画剪辑,用于存储角色或者简单动画的动画数据,它是动作的简单"单元",例如"走路""跑步"或者"跳跃"等,对动画动作的修改和编辑通过 Animation 视图完成。

通过 Animation 视图也可以创建新的动画剪辑文件,扩展名为 . anim。动画剪辑数据和模型对象是分离的,同一个动画剪辑可以应用不同的模型对象。

5.7.2 动画状态机

1. Animator 组件

要实现角色对象的动画控制,需要为角色对象添加 Animator 组件,并且需要将创建好的动画控制器赋给 Animator 组件的"Animator Controller"属性,如图 5-38 所示。

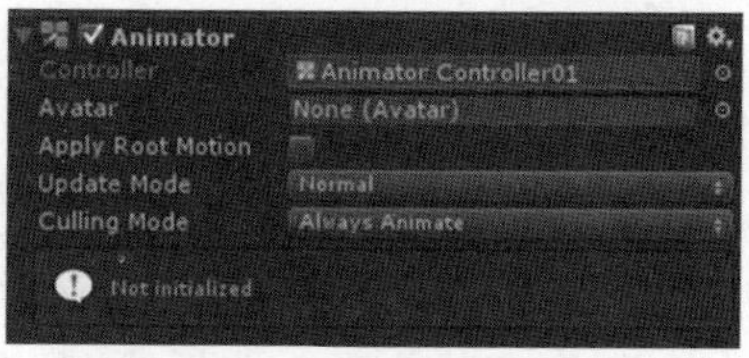

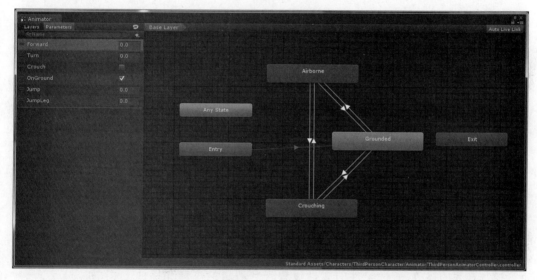

图 5-38 Animator Controller

2. 动画控制器和 Animator 视图

动画控制器的创建方法:在 Assets 面板中单击右键,选择【Create】→【Animator Controller】。

动画控制器在 Animator 视图中进行编辑,如图 5-39 所示。

图 5-39 Animator

通过 Animator 视图打开动画控制器,可以看到一个空的动画控制器,包含一个动画入口 Entry、一个动画出口 Exit 和一个任意动画状态 Any State。

可以往动画控制器中添加动画剪辑,动画剪辑添加到 Animator 视图中,就称为动画状态,一个动画剪辑就是一个动画状态,初始动画状态显示为橙色。

3. 动画状态过渡

一个角色可以有多种动画状态(动作),当满足一定条件时,可以从一种动画状态过渡到另一种动画状态。

创建动画过渡的方法,在动画状态 A 上单击右键,选择【Make Transition】,如图 5-40 所示,然后拖动鼠标到另一个动画状态 B 上,就创建了从动画状态 A 到动画状态 B 的动画过渡,显示为方向箭头,如图 5-39 所示。

图 5-40 Make Transition

5.8   音频系统

5.8.1   音频概述

音频是虚拟现实和游戏设计开发流程中不可缺少的一环,通常在创作的最后阶段添加。音频可以起到烘托环境气氛、突出故事情节、辨别对象位置等作用。

导入到 Unity 中的音频文件称为音频剪辑(Audio Clip)。音频资源有压缩和不压缩两种方式,不进行压缩的音频将采用音频源文件,而采用压缩的音频文件会先对音频进行压缩,此操作会减小音频文件的容量,但是在播放时需要额外的 CPU 资源进行解码,所以需要制作快速反应的音效时,最好使用不压缩的方式,而背景音乐可以使用压缩的音频文件。任何格式的音频文件被导入 Unity 后,在内部自动转化成.ogg 格式。

5.8.2   音频组件

音频剪辑需要配合两个组件来实现音频的监听和播放。

1. 音频监听组件

音频监听组件(Audio Listener)是用于接收声音的组件,配合音频源为虚拟现实和游戏创建听觉体验。该组件的功能类似于麦克风,当音频监听组件挂载到游戏对象上,任何音频源,只要足够接近音频监听组件挂载的游戏对象,都会被获取并输出到计算机等设备的扬声器中输出播放。如果音频源是 3D 音效,监听器将模拟在 3D 世界声音的位置、速度和方向。

音频监听组件默认添加在主摄像机上。该组件没有任何属性,只是标注了该游戏对象具有接收音频的作用,同时用于定位当前的接收位置。

添加方法:【Component】→【Audio】→【Audio Listener】。

2. 音频源组件

音频源组件(Audio Source)用于播放音频剪辑文件,通常挂载在游戏对象上。该组件负责控制音频的播放,通过组件的属性设置音频剪辑的添加和播放方式,如图 5-41 所示。如果音频文件是 3D 音效,音频源也是一个定位工具,可以根据音频监听对象的位置控制音频的衰减。

添加方法:【Component】→【Audio】→【Audio Source】。

AudioClip:音频片段,将需要播放的音频文件放入其中,支持.aif、.wav、.mp3、.ogg格式。

Play On Awake:在唤醒时开始播放,勾选后,在游戏运行以后,就会开始播放。

Loop:循环,勾选后,声音进入"单曲循环"状态。

Mute:静音,勾选后,静音,但音频仍处于播放状态。

Volume:音量,0:无声音;1:音量最大。

Spatial Blend:空间混合,设置声音是 2D 声音,还是 3D 声音。2D 声音没有空间的变化,3D 声音有空间的变化,离音源越近听得越明显。

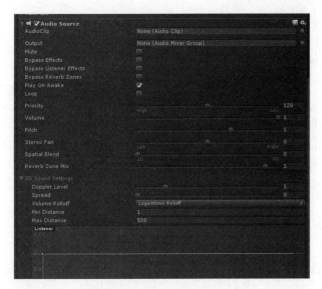

图 5-41　Audio Source

第6章

场景漫游案例开发与制作

6.1 场景漫游概述

6.1.1 场景漫游介绍

虚拟场景漫游是虚拟现实技术的一个重要的应用,是利用场景构建技术,在多维信息空间上创建一个虚拟的环境,使用户身临其境地与环境进行完美的交互。随着虚拟漫游的发展,其应用已经普及到建筑、旅游、游戏、航空航天、医学等众多领域。虚拟漫游的场景可以是真实存在的,例如世界各地名胜、校园、社区、博物馆等,也可以是完全虚构的,例如游戏场景、未来地产等。

虚拟场景漫游的制作技术主要包括虚拟场景制作技术和场景交互技术。虚拟场景制作通常包括两种方法:一种是利用三维建模软件,根据真实场景的客观数据制作三维模型,然后将多个三维模型搭建成虚拟场景;另一种方法是利用摄像设备扫描周围空间的真实图像,再将图像拼接成全景图实现场景的虚拟再现,此技术即是全景图技术。而场景交互技术是通过交互软件(Unity)设计场景的交互操作,例如自主漫游、自动漫游和鼠标交互操作等。全景图的制作在前面已经详述,本章重点介绍三维模型搭建场景的虚拟漫游的制作步骤。

6.1.2 制作流程

场景漫游的制作过程通常分为四步:场景设计、三维建模、场景搭建和人机交互。如图 6-1 所示。

图 6-1 场景漫游的制作步骤

场景设计是对场景的布局,设计场景中物体的大小、形状和位置等信息。

三维建模是利用 3D 建模软件(3D Max、Maya 等)创建场景中物体的三维模型。

场景搭建是根据场景的设计方案,利用交互软件(Unity)将三维模型拼接起来,形成相对完整的场景,并添加物理碰撞系统,模拟真实的碰撞效果。

人机交互是利用交互软件(Unity)编写脚本控制场景,如自由漫游、自主漫游、鼠标交互操作等。

　　本章案例以虚拟的场景为例讲解虚拟漫游的制作。其中,三维模型为已完成的模型,重点讲解场景搭建和人机交互的实现。

6.2　场景漫游案例制作

　　打开 Unity 软件,新建工程文件,选择保存文件的路径,单击"Create Project"完成创建。如图 6-2 所示。

图 6-2　新建漫游工程的界面

6.2.1　场景制作

1. 创建地面

在层级面板中,单击"Create",选择"Terrain",新建地形,如图 6-3 所示。

2. 绘制湖泊

在层级面板中,单击"Terrain",打开 Terrain 的"Inspector",选择 Terrain 中的"Paint Height"按钮,选择 Brushes 的类型,设置高度为 20(意味着地形的高度最高为 20),单击"Flatten"。如图 6-4 所示。在 Scene 中描绘出一个湖,如图 6-5 所示。

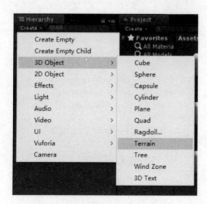

图 6-3　新建地形

图 6-4　Terrain 的工具

图 6-5 绘制的湖的效果

3. 添加纹理

（1）导入标准资源包 Terrain Assets 时，首先在工程面板中，右键单击，选择 Import Package 中的"Custom Package"，如图 6-6 所示。然后打开对话框，选择 Terrain Assets 资源包，如图 6-7 所示，再单击"打开"按钮。在弹出的对话框中，选择所有的资源包，单击"Import"按钮，导入文件，如图 6-8 所示。

（2）在 Terrain Inspector 中，选择"Paint Texture"纹理笔刷，如图 6-9 所示，单击"Edit Textures"对话框，在打开的对话框中，单击"Select"选择笔刷的纹理，选择"Cliff(Layered Bock)"。如图 6-10 所示。设置笔刷的 Brush Size 为 20，Opacity 为 100。最终效果图如图 6-11 所示。

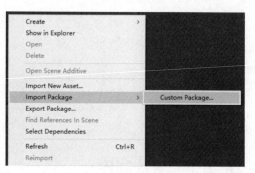

图 6-6 导入资源界面

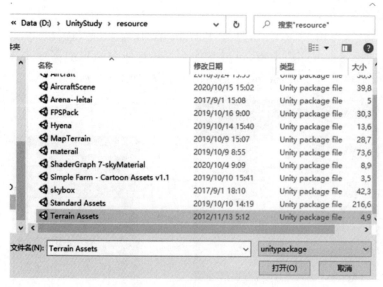

图 6-7 选择资源包对话框

图 6-8 资源包对话框　　　　图 6-9 纹理笔刷对话框　　　图 6-10 选择纹理材质

图 6-11 最终效果图

同样的操作,导入纹理材质 Grass(Hill),添加草地,调整 x 和 y 的大小分别为 15,如图 6-12 所示,最终效果如图 6-13 所示。

图 6-12 草地纹理材质

图 6-13 最终效果

4. 导入三维模型

在工程面板中,右键选择"Import Package",导入资源包"Simple Farm",如图 6-14 所示。在打开的对话框中,选择所有的资源,然后单击"Import"按钮,将资源导入到工程面板。图 6-15 为资源包资源选择对话框。

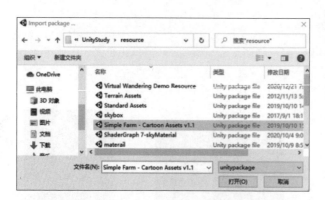

图 6-14　导入资源包

图 6-15　选择资源对话框

接着,选择导入的资源的预制体 Prefab,按照设计要求拖入到 Scene 场景中,通过移动、缩放等操作,对场景进行布局。图 6-16 为最终的效果图。

图 6-16　场景的最终效果

5. 添加物理碰撞

碰撞系统是模拟物体遇到障碍物时的物理响应。众所周知,物体在没有添加碰撞时,在场景中漫游会无视所有的物体,直穿而过。例如,场景中的建筑物会发生穿过墙体的现象,不符合实际情况。所以,为了逼真地模拟现实,我们需要对场景中的物体添加碰撞,它是漫游系统真实性实现的方式之一。

由于地面是由自带碰撞系统的 Terrain 地形制作而成,所以,不需要添加碰撞系统。而对于其他的,尤其是资源包中导入的模型,则需要添加碰撞。这里以场景中的某一物体为例进行阐述。

在场景中选中某一建筑物,如图 6-17 所示。在 Inspector 中,单击"Add Component"按钮添加 Box Collider 组件,如图 6-18 所示,其结果如图 6-19 所示。然后单击所选物体的 Inspector 中 Box Collider 组件中的"Exit Collider"按钮,如图 6-20 所示,此时包围物体的碰撞体为可编辑状态,每个碰撞面的中心都有一个可编辑点,通过拖曳可编辑点实现对碰撞范围的编辑,最终使得碰撞体紧密包围建筑物即可。最终效果如图 6-21 所示。

图 6-17　场景中的建筑物

图 6-18　添加碰撞体的对话框

图 6-19　添加碰撞体的效果

图 6-20　Edit Collider 对话框

图 6-21　碰撞体的编辑

6.2.2　交互功能制作

为了可视化集成虚拟漫游系统的所有功能,本案例为用户制定了多种漫游方式(自动漫游、自主漫游),并通过按钮调用。

1. 按钮的添加

(1) 在 Hierarchy 面板中,新建 Button,如图 6-22 所示。选中 Button,在 Inspector 中,将其名字改为"Automatic",如图 6-23 所示。

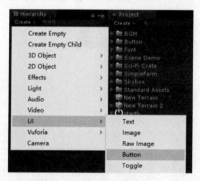

图 6-22　添加按钮控件

图 6-23　修改名字

(2) 在 Inspector 中,通过 Rect Transform 调整其在屏幕中的位置。选择九宫格图标,按下 Shift+鼠标左键,设置锚点在屏幕的正中间。按下 Alt+鼠标左键,设置 Automatic 按钮控件在屏幕的左下方,如图 6-24 所示。

(3) 将按钮的图标导入到 Project 面板中,在图标的 Inspector 中,将 Texture Type 设置为"Sprite(2D and UI)",如图 6-25 所示。

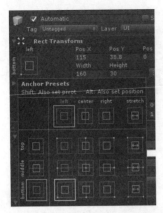

图 6-24　设定控件在屏幕中的位置

图 6-25　设置 Texture Type

（4）调整 Inspector 中 Width 的值为 30，使得图标正确显示，如图 6-26 所示。

（5）选中 Hierarchy 面板中 Automatic 按钮控件下的 Text，在 Inspector 中，将其 Text 的内容改为"自动漫游"。Font Style 改为"Bold"，Color 改为"白色"，如图 6-27 所示。然后在 Scene 中，移动 Text 的位置，使其在图标的右侧，如图 6-28 所示。

图 6-26　调整按钮的大小

图 6-27　按钮字体的设置

（6）以同样的方式，添加退出按钮。最终效果如图 6-29 所示。

图 6-28　按钮的设置

图 6-29　按钮的效果

2. 自主漫游的实现

在虚拟场景中，自主漫游是以第一人称的角色视角游览场景，即利用软件在一个虚拟场景中设置第一人称的视角，使观察者通过第一人称形式进行漫游，与建筑体进行亲密接触仿佛亲临其场景一般。在本案例中，通过"W""A""S""D"键，或者上下左右键控制角色的移动，拖曳鼠标的右键进行视角的旋转，空格键完成跳跃。其步骤如下：

（1）在 Project 面板中，选中 Unity 的 Standard Assets 中 Characters 下的 FirstPerson-Character/Prefabs/FPSController，如图 6-30 所示。然后，拖入到 Scene 中，放置在场景中的合适位置，如图 6-31 所示。

图 6-30　第一人称控件

图 6-31　场景中添加第一人称控件

（2）将 Scene 中第一人称控件的胶囊体向上拖动，直到看到全部的胶囊体，如图 6-32 所示。

图 6-32　设置场景中的第一人称胶囊体

运行程序，就可以在游戏场景中，使用"W""A""S""D"或者方向键进行自主漫游了。运行效果如图 6-33 所示。

图 6-33　自主漫游的效果图

3. 自动漫游按钮的实现

通过 Animator 控制摄像机运动,在漫游事件触发后无任何输入的情况下,允许角色沿着既定路线进行漫游。

1) 关键点的制作

(1) 将场景另存为"AutoWandering",如图 6-34 所示。然后删除 AutoWandering 场景的 Hierarchy 面板中非场景模型和灯光的其他物体,仅留下场景模型和灯光。

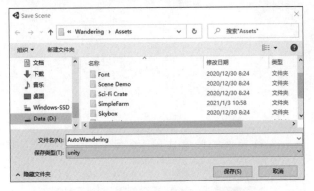

图 6-34　制作 AutoWanderding 场景

(2) 在 Hierarchy 面板中,新建摄像机 Camera 并选中。然后选择菜单栏 Window→Animation,命名动画为 AutoMaticAni,打开 Animation 窗口,如图 6-36 所示。

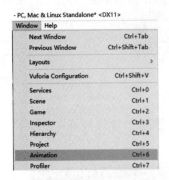

图 6-35　Animation 选项

图 6-36　为 Camera 设置 Animation 的对话框

(3) 对摄像机的 Position 和 Rotation 添加属性动画,如图 6-37 所示,其中,数据为当前相机的位置和角度的数值。

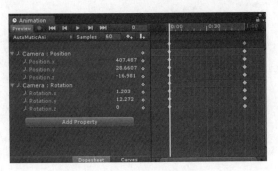

图 6-37　对动画添加属性控制

（4）在 Scene 场景中，按漫游设定的路线移动摄像机 Camera，确定下一个 Camera 位置，调整视角，按住"Shift＋Ctrl＋F"将摄像机视角与 Scene 视角同步。然后在 Animation 中，选择时间点，单击 Add Key 添加关键帧。重复此过程，直到漫游路线的最后一个位置，即可获得摄像机的运动路径，如图 6-38 所示。

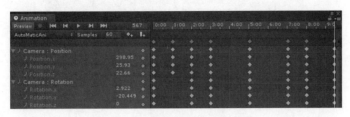

图 6-38　摄像机的最终运动路径

（5）单击 Animation 对话框中的"录制"按钮，完成动画的录制，如图 6-39 所示。

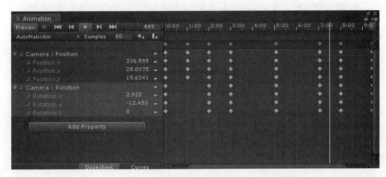

图 6-39　动画录制

（6）关掉对话框后，在 project 中选择 AutoMaticAni 动画，在其 Inspector 中，Loop Time 选项取消选择，如图 6-40 所示。

图 6-40　AutoMaticAni
动画的 Inspector 设置

2）漫游动画的制作

（1）选择菜单栏 Window→ Animator，打开 Camera 的 Animator 窗口，右键选择 Create State→ Empty，新建一个空的状态"New State"，如图 6-41 所示。

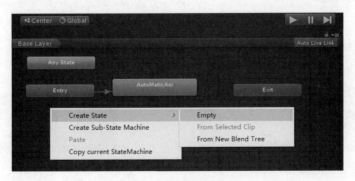

图 6-41　新建空的状态

（2）选择 New State，右键选择"Set as Layer Default State"，如图 6-42 所示。

图 6-42　New State 设置为默认的初始状态

（3）选择 New State，在弹出的对话框中，右键选择"Make Transition"，如图 6-43 所示，创建 New State 与 AutoMaticAni 之间的链接。同样，选择 AutoMaticAni 状态，右键选择"Make Transition"，创建 AutoMaticAni 到 New State 的链接。如图 6-44 所示。

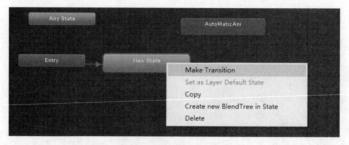

图 6-43　状态间建立链接

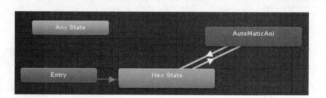

图 6-44　状态链接

（4）设置状态转换的条件。选择 Animator 窗口左侧的 Parameters，选择添加按钮，如图 6-45 所示，在弹出的下拉菜单中选择"Bool"，创建布尔类型的变量。在新建的框体中输入变量的名字，如图 6-46 所示。名字后面的复选框，如果处于选中状态，表示变量的初值为 True；如果处于未选中状态，表示变量的初值为 False。本案例中，IsRun 的初值为 False。

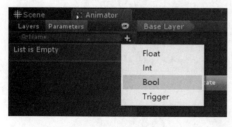

图 6-45　创建变量

图 6-46　修改变量的名字

（5）使用变量 IsRun 对 Animator 中的连线设置条件。选择 New State → AutoMaticAni 的连线，在 Inspector 中，取消"Has Exit Time"的选择，单击"＋"，添加变量 IsRun，值设置为 True。如图 6-47 所示。

（6）同样的方法，在 Animator 窗口中，选择 AutoMaticAni→New State 的连线，单击 "＋"，添加变量 IsRun，值设置为 False。如图 6-48 所示。

图 6-47 设置 New State 到 AutoMaticAni 的条件　　图 6-48 设置 AutoMaticAni 到 New State 的条件

（7）在场景中添加"返回"按钮，作为中断自由漫游回到主页面的快捷方式。方法类似于"自动漫游"按钮，这里不再赘述。如图 6-49 所示。

图 6-49 "返回"按钮的添加

3）漫游的动画控制

为了实现单击"自动漫游"按钮进行场景跳转的功能，为"自动漫游"按钮添加了代码 AutoWanderingScript。在 Project 面板中，右键新建 C♯ Script，重命名为"AutoWanderingScript"。然后，双击打开，在程序编辑器中输入下面代码。在这里需要注意的是，因为要操作按钮进行场景跳转，所以需要引入类：UnityEngine. UI 和 SceneManagement。最后，将 AutoWanderingScript 文件拖入到 Hierarchy 面板中的"自动漫游"按钮上，如图 6-50

所示。

```
using System.Collections;
using System.Collections.Generic;
using UnityEngine;
using UnityEngine.UI;
using UnityEngine.SceneManagement;
public class AutoWanderingScript : MonoBehaviour {
    // Use this for initialization
    void Start () {
        GetComponent < Button > ().onClick.AddListener (OnClick); //监听按钮
    }
    // Update is called once per frame
    void OnClick(){
        SceneManager.LoadScene ("AutoWandering"); //场景跳转
    }
}
```

图 6-50 代码与按钮的连接

为使自动漫游能够自动运行,需要用代码控制 AutoWandering 场景中的 Camara 的动画控制器 AutoMaticAni。新建 C♯ Script,重命名为"RunScript",挂在 Camera 物体上,如图 6-51 所示。

```
using System.Collections;
using System.Collections.Generic;
using UnityEngine;
public class RunScript : MonoBehaviour {
    private Animator ani;
    void Start () {
        ani = GetComponent < Animator > (); //找到动画控制器
        ani.SetBool ("IsRun",true); //设置动画控制器的变量的值
    }
}
```

图 6-51 代码与物体的连接

4) 基于导航组件的自动漫游实现

"自动漫游"可以说是构造一系列关键点组成的行走路线,程序控制按照规定好的路线来漫游场景。Unity 中自带的导航系统(Navigation)是实现动态物体自动寻路的一种技术,根据开发者所编辑的场景内容,自动地生成用于导航的网格。实际导航时,只需要给导航物体挂在导航组件,导航物体变回自行根据目标点来寻找符合条件的路线,并沿着

该路线行进到目的地。由此，自动漫游可以借助 Navigation 系统来实现。具体过程简写如下：

（1）前期静态导航设置。将场景中的所有几何对象选中，然后在 Inspector 视图中，在 Static 下拉列表中勾选"Navigation Static"，将所有对象标记为 Navigation Static（静态导航）。

（2）烘焙导航网格。依次单击菜单栏中的"Window → Navigation"，在弹出的 Navigation 窗口中，单击 Bake 选项卡，设置 Bake 选项卡中的各项参数，例如 Agent Radius 设置为 0.3，Agent Height 设置为 1，Step Height 设置为 0.5。然后单击右下角的 Bake 按钮烘焙生成导航网格。

（3）创建导航代理。新建一个 Capsule 对象并命名为 Player，设置其 Scale 为（0.5，1，0.5），然后依次单击菜单栏中的 Component→Navigation→NavMesh Agent，为 Player 对象添加导航代理组件。

（4）设置漫游路径的关键点。添加一空物体，命名为 Navi_Patrolling。然后，创建多个空物体作为 Navi_Patrolling 的子物体，放置在场景的关键位置，分别以漫游的顺序序号命名，代表着漫游路径中的关键点，如图 6-52 所示。

图 6-52　漫游路径的关键点创建

（5）代码控制实现自动漫游。创建 C♯代码，命名为"Nav_Patrolling"，绑定在移动对象 Player 中，并将 Navi_Patrolling 路径设置为代码中的漫游关键点 patrolWayPoints，如图 6-53 所示。代码如下：

```
using System.Collections;
using System.Collections.Generic;
using UnityEngine;
using UnityEngine.AI;

public class Nav_Patrolling : MonoBehaviour {
    public float patrolSpeed = 2f;              //漫游的速度
    public float patrolWaitTime = 1f;           //每个关键点等待的时间 1 秒
    public Transform patrolWayPoints;           //漫游点
    private NavMeshAgent agent;                  //智能体，
    private float patrolTimer;                   //每个关键点的停留时间
    private int wayPointIndex;                   //漫游关键点的编号
    // Use this for initialization
    void Start () {
        agent = GetComponent < NavMeshAgent >(); //找到漫游的智能体
    }
    // Update is called once per frame
    void Update () {
        Patrolling();
    }
    void Patrolling()
    {
        agent.speed = patrolSpeed;
        if (!agent.pathPending && agent.remainingDistance <= agent.stoppingDistance)
```
//剩余距离小于 stoppingDistance,则计算持续时间,否则持续时间为 0

```
        {
            patrolTimer += Time.deltaTime; //持续时间
            if (patrolTimer >= patrolWaitTime) //如果持续时间大于等待时间,则就离开
            {
                if (wayPointIndex == patrolWayPoints.childCount - 1)
//如果是最后一个节点,则编号改为0,否则++,持续时间改为0
                {
                    wayPointIndex = 0;
                }
                else
                {
                    wayPointIndex++;
                }
                patrolTimer = 0;
            }
        }
        else {
            patrolTimer = 0;
        }
        agent.destination = patrolWayPoints.GetChild(wayPointIndex).position;
//制定下一个目标点的位置
    }
}
```

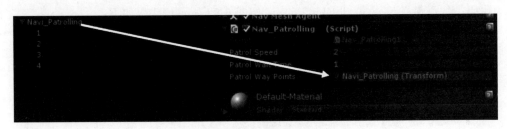

图 6-53　关键点绑定

（6）相机跟随 Player，提升沉浸的体验。采用固定摄像机方法,将摄像机放置在主角头部上方靠后的位置,当主角移动的过程中,摄像机也随着移动。代码挂载在 Camera 中,并将移动对象 Player 与代码中的 follow 相连。其代码如下:

```
public class CameraFollow : MonoBehaviour {
    public float disAway = 1.7f;          //距离
    public float disUp = 1.3f;            //高度
    public float smooth = 2f;
    private Vector3 m_TargetPosition;
    public Transform follow;              // 摄像机跟随物体
    void Update () {
        m_TargetPosition = follow.position + Vector3.up * disUp - follow.forward *
disAway;
        transform.position = Vector3.Lerp(transform.position, m_TargetPosition, Time.
deltaTime * smooth);
        transform.LookAt(follow);
    }
}
```

在运行的过程中，如果不想看到第三人称物体 Player，则选择 Player 的 Inspector 下的 Mesh Renderer，去掉勾选即可。

4．"返回"按钮的实现

"返回"按钮的功能是从自动漫游的场景跳转到初始场景。所以，首先将自动漫游场景中的自动漫游关闭，然后跳转到初始场景。"返回"按钮的代码为"BackScript"，如下所示。最后，将 BackScript 直接拖入到 Hierarchy 面板中的 Back 按钮上。参见图 6-53。

```csharp
using System.Collections;
using System.Collections.Generic;
using UnityEngine;
using UnityEngine.UI;
using UnityEngine.SceneManagement;
public class BackScript : MonoBehaviour {
    private Animator ani;
    void Start () {
        GetComponent<Button>().onClick.AddListener (OnClick);
        ani = GameObject.Find ("Camera").GetComponent<Animator>();
    }
    void OnClick(){ //回到原来的场景
        ani.SetBool("IsRun",false); //动画关闭,设置变量 IsRun 为 False
        SceneManager.LoadScene ("Wandering");
    }
}
```

5．"退出"按钮的实现

"退出"按钮的功能是结束程序，退出整个场景。"退出"按钮的代码为"ExitScript"，如下所示。将 ExitScript 直接拖入到 Hierarchy 面板中的 Exit 按钮上，如图 6-54 所示。

```csharp
using System.Collections;
using System.Collections.Generic;
using UnityEngine;
using UnityEngine.UI;
using UnityEngine.SceneManagement;
public class ExitScript : MonoBehaviour {
    void Start () {
        GetComponent<Button>().onClick.AddListener (OnClick);
    }
    void OnClick(){
        Application.Quit ();
    }
}
```

图 6-54　退出按钮的功能实现

6. 添加天空盒

天空盒是一个全景视图,分为六个纹理,表示沿主轴(上、下、前、后、左、右)可见的六个方向,如图 6-55 所示。将纹理图片的边缘无缝合并,站在图片组合而成的立方体中间向外观看,就会看到一幅连续的画面。全景图的显示会随着 Camera 方向的改变而发生变化,但不会随着 Camera 的位置而变化,相机的位置视为全景图的中心。使用天空盒的目的是在保证场景真实感的基础上,将图形硬件的负载降到最小。制作过程如下:

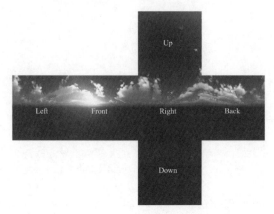

图 6-55　天空盒

(1) 准备 6 张连续图片,分别为天空盒 Up、Down、Front、Back、Left、Right 6 个方向的纹理。如图 6-56 所示。

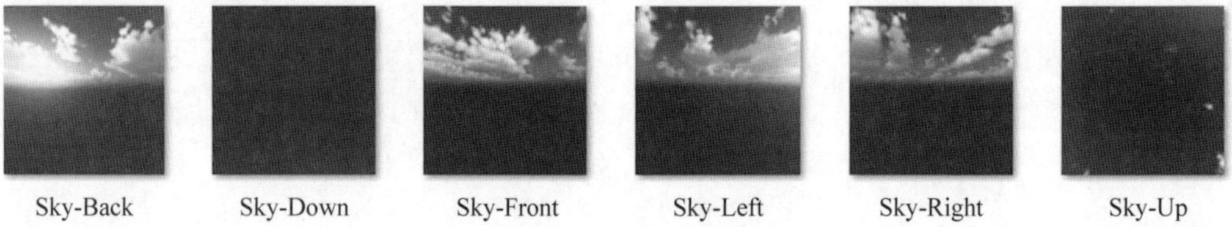

Sky-Back　　　Sky-Down　　　Sky-Front　　　Sky-Left　　　Sky-Right　　　Sky-Up

图 6-56　6 张天空盒素材

(2) 在 Project 面板创建一个新文件夹,命名为"SkyBox"。并将 6 张图片拖入到 SkyBox 文件夹中,如图 6-57 所示。

(3) 选中所有的图片,在 Inspector 面板中,将 Wrap Mode 的值改为"Clamp",如图 6-58 所示,用于解决天空盒图片接缝处过渡不自然的问题。

图 6-57　Project 面板下
SkyBox 中的纹理素材

图 6-58　修改纹理素材的属性

(4) 选中 SkyBox,单击"Create",选择"Material",创建一个材质球,命名为"Skybox"。

在 Skybox 的 Inspector 面板中,修改 Shader 的属性值为 Skybox→6 Sided。如图 6-59 所示。

　(5) 将 SkyBox 文件夹中的纹理素材,按照对应关系拖入到材质球 Skybox 的 Inspector 中,结果如图 6-60 所示。这样就完成了天空盒的制作。

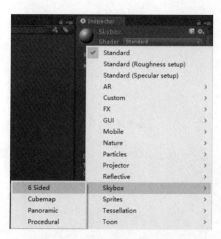

图 6-59　修改 Shader 的属性值

图 6-60　Skybox 的效果图

　(6) 应用天空盒。打开菜单栏 Window→Lighting →Settings 窗口,把 Scene 选项卡中 Environment 中的 Skybox Material 属性值修改为新建的天空盒"Skybox"。具体操作为点选 Skybox Material 后面的小圆点,在打开的对话框中,选择"Skybox"天空盒即可。如图 6-61 所示。

图 6-61　天空盒的应用

　到此,完成了天空盒的制作和应用,场景的最终效果如图 6-62 所示。最后,以同样的方式为 AutoWandering 场景添加天空盒。

图 6-62　添加天空盒的场景

7. 文件的导出

选择菜单栏 File→Build Settings...,打开 Build Setting 对话框,如图 6-63 所示。单击
"Add Open Scenes"添加需要输出的场景。然后,单击"Player Settings",在 Inspector 面板
中,勾选"Resizable Window"属性,意味着程序运行时,允许用户调整播放窗口的大小。最
后,单击 Build 自定义输出文件的名称,选择保存路径,再导出文件。

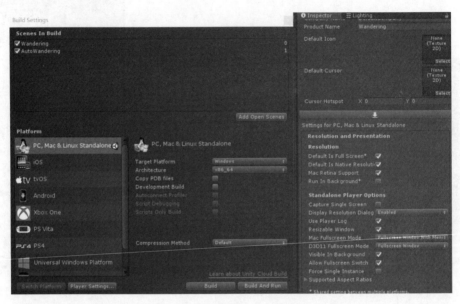

图 6-63   Build Settings 对话框

第 7 章

机械虚拟拆装训练
案例开发与制作

7.1 机械零件拆装概述

7.1.1 案例介绍

该虚拟拆装训练系统主要完成机械部件的内外部结构展示、工作原理演示和虚拟拆装训练等功能,共分为部件结构展示模块、工作原理演示模块和虚拟拆装训练 3 个模块。该系统为运行在 Windows 7 以上版本的操作系统的单机版本,支持移动端手机访问。本节重点介绍拆装功能的实现。

7.1.2 制作流程

机械拆装训练案例的制作通常分为四步:需求分析、三维建模、场景搭建和人机交互。如图 7-1 所示。

(1) 需求分析是对真实场景中机器操作进行分析,确定需要虚拟实现的功能。

(2) 三维建模是对真实机器的建模,通常通过照片和真实数据,按照比例,利用三维建模软件(3D Max、Maya 等)完成实物的虚拟化。

(3) 场景搭建是利用交互软件(Unity 等)将机器零件的三维模型拼接起来,形成逼真的工作场景。

(4) 人机交互是利用交互软件(Unity 等)对机器零件添加交互操作,这是本节内容的核心。主要包括:机器零件的全方位展示(展览)、对模型前盖的开关操作的实现(旋转开关)、以及模型零件的拆装操作(顺序拆装、一键拆装)。除此之外,为了方便管理,对交互功能添加可视化界面(GUI 界面)。如图 7-1 所示。

图 7-1 人机交互的功能

本案例为 3ds Max 制作的机器零件三维模型,重点介绍人机交互各功能的具体实现。

7.2　机械零件的导入与设置

7.2.1　机械零件的导入

Unity 支持多种外部导入的模型格式,其中包括 3ds Max 软件的.FBX 和.3DS 格式文件。本节的机械零件模型采用 3ds Max 软件制作,格式为.FBX。模型采用以下三种导入形式之一导入。

（1）直接将模型拖入到 Project 视图中,如图 7-2 所示。

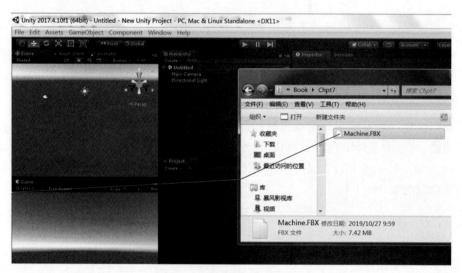

图 7-2　直接拖曳导入模型

（2）单击菜单栏的 Assets →Import New Asset 项,选择模型,然后单击"Import"按钮将模型导入当前的项目中,如图 7-3 所示。

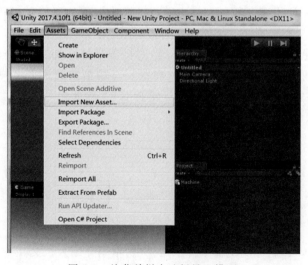

图 7-3　从菜单栏中选择导入模型

（3）在 Project 列表窗口空白处单击鼠标右键，在弹出的面板中选择并单击"Import New Asset…"，然后选择模型，单击"Import"按钮将模型导入当前的项目中，如图 7-4 所示。

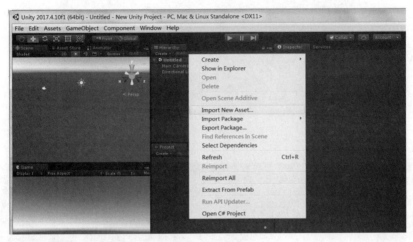

图 7-4 鼠标右键导入模型

7.2.2 模型的设置

模型导入后，将模型拖入到 Hierarchy 视图中，加入场景，如图 7-5 所示。可以看到，模型在场景面板中很小。这是因为在 3ds Max 中建模时，设置的单位与 Unity 中的不一样造成的。为了模型能够正常显示，首先对模型进行设置。

图 7-5 将模型拖入场景

1. 修改比例

首先，将一参照物 Cube 加入场景，如图 7-6 所示。此时，Cube 尺度为单位长度 1 米，即每条边都是单位长度。用 Cube 为参照物，对机械零件模型进行设置，如图 7-7 所示。为了使得机械模型与 Cube 都显示，在 Cube 的 inspector 中的，将 Z 值设置为 1，即沿 Z 轴正方向偏离坐标原点 1 个单位（1 米）。可以看出，机械零件模型尺寸偏小。调整机械零件模型有两种方法：

- 在 Hierarchy 面板中，单击 Machine 模型，在 Inspector 面板中修改 Transform 中 Scale 值，将 X, Y, Z 的值分别修改为 50。设置界面和效果图如图 7-8 所示。

图 7-6　添加 Cube 的对话框

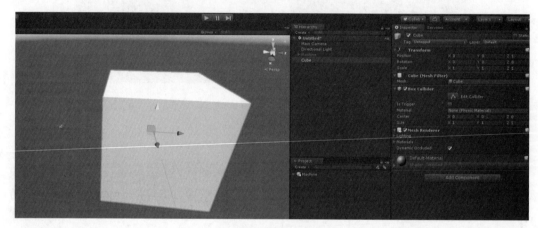

图 7-7　导入后模型

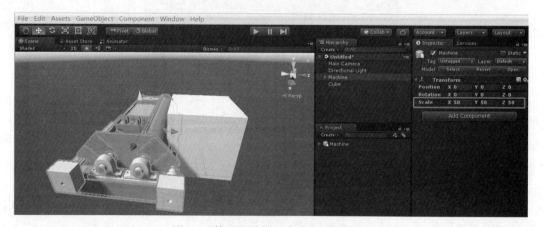

图 7-8　修改场景模型参数值与效果图

- 在 Project 面板中,单击 Machine 预制件,在 Inspector 中,修改 Scale Factor 值为
  50。然后单击"Apply"按钮完成设置。设置界面和效果图如图 7-9 所示。

设置好参数后删除参照物 Cube 模型。

图 7-9 调整 Scale Factor 参数值

2．修改相机参数

相机是捕捉场景并向用户展示的物体。如果模型在镜头推拉时出现残缺现象，也就是场景中破损的效果，则需要修改 Hierarchy 面板中 Camera 组件的属性。如图 7-10 所示。

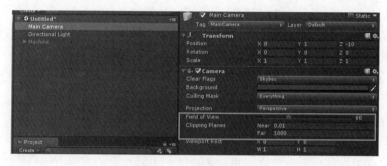

图 7-10 相机参数设置

- Field of View：透视模式下相机的视场角。该值越大，视场越大。
- Clipping Planes：相机为渲染的范围。Near 为相机渲染的最小切面的位置，Far 为相机渲染的最远切面的位置。通常 Near 越小越好，通常设置为 0.01，Far 设置为 1000。

7.3 机械零件模型展览的制作

为了机械零件模型能够利用鼠标实现 360°的旋转、平移、缩放等展览效果，需要了解物体的 3D 坐标系与屏幕坐标系之间的关系，然后根据二者的关系设定模型旋转、平移和缩放的展览效果。

7.3.1 坐标系

在 3D 世界中，3D 坐标系是为了正确表述物体位置而设定的。在 Unity 中使用的是笛卡儿左手坐标系，如图 7-11(a)所示。其中，X 轴代表水平方向，Y 轴代表垂直方向，Z 轴代表深度。而电脑的屏

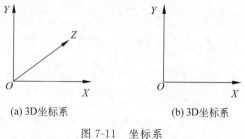

(a) 3D坐标系   (b) 3D坐标系

图 7-11 坐标系

幕为 2D 坐标系,如图 7-11(b)所示,其中,X 轴代表水平方向,Y 轴代表垂直方向。

从两坐标系对应来看,当鼠标左右滑动时,鼠标在屏幕的 X 轴上移动,对应三维物体会绕着自身的 Y 轴旋转。当鼠标上下滑动时,鼠标在屏幕的 Y 轴上移动,对应三维物体会绕着自身的 X 轴旋转。

当物体平移时,是鼠标在屏幕 X、Y 轴上移动的距离,改变物体坐标原点的位置(X、Y 轴)。

当物体缩放时会产生远小近大的效果,也就是对物体自身 Z 轴的设置。

7.3.2　展览操作的实现

模型的展览主要是完成模型的旋转、平移和缩放操作,这些操作分别由鼠标的左键、右键和中键来实现。在输入类(Input)中,有三个方法来进行:

GetMouseButtonDown():鼠标按键按下的第一帧返回 True;

GetMouseButton():鼠标按键按住期间一直返回 True;

GetMouseButtonUp():鼠标按键松开的第一帧返回 True。

这三个方法需要传入参数来指定判断哪个鼠标按键,0 对应左键、1 对应右键、2 对应中键。在设置中,采用鼠标按键按下时,进行展览的操作。所以,采用 GetMouseButton()方法,并设置如下:

当按下左键时进行旋转操作:GetMouseButton(0);

当按下右键时进行平移操作:GetMouseButton(1);

当按下中键时进行缩放操作:GetMouseButton(2)。

除此之外,GetAxis("Mouse X")和 GetAxis("Mouse Y")分别为场景中一帧内鼠标在水平方向和垂直方向的移动距离。又因为展览操作存在于整个操作过程中,需时刻监测鼠标的状态,所以,展览的所有代码需添加到 update()方法中。

1. **旋转:按下鼠标左键时进行。**

要求是模型能进行水平方向 360°旋转,垂直方向为－25°～25°的旋转。

定义变量:

```
private float sensitivityX = 10f;    //水平方向移动的灵敏度,偏移量
private float sensitivityY = 10f;    //垂直方向移动的灵敏度,偏移量
private float minimumY = － 25f;      //垂直方向的镜头转动尺度,上仰和俯视的角度
private float maximumY = 25f;
private float rotationY = 0f;
private float rotationX = 0f;
```

在 Update 中添加以下代码:

```
if (Input.GetMouseButton(0))        //左键
{
    rotationX = transform.localEulerAngles.y － Input.GetAxis("Mouse X") * sensitivityX;
//绕 y 轴旋转
    rotationY － = Input.GetAxis("Mouse Y") * sensitivityY;//绕 x 轴旋转
    rotationY = Mathf.Clamp(rotationY, minimumY, maximumY);
    transform.localEulerAngles = new Vector3( － rotationY,rotationX,0);
}
```

- Input. GetAxis("Mouse X") * sensitivityX；表示鼠标在 X 轴上移动距离转换为物体旋转的角度。即绕 Y 轴旋转了多少度。
- rotationX = transform. localEulerAngles. y - Input. GetAxis("Mouse X") * sensitivityX；表示鼠标变化后，物体旋转后的角度，即绕自身 Y 轴的角度。
- Input. GetAxis("Mouse Y") * sensitivityY；表示鼠标在 Y 轴上移动距离转换为物体旋转的角度。即绕 X 轴旋转了多少度。
- rotationY - = Input. GetAxis("Mouse Y") * sensitivityY；初始值减去旋转的角度获得当前的位置。符号"-"表示方向。
- rotationY 对应物体绕自身 X 轴旋转后的角度值。Mathf. Clamp() 用来控制绕 X 轴旋转的范围。
- transform. localEulerAngles 为局部旋转的欧拉角。

2. 平移：按下鼠标右键时操作

在 Update 中添加以下代码：

```
if (Input.GetMouseButton(1))              //右键
{
      float positionX = transform. position. x + Input. GetAxis ( " Mouse X") *
sensitivityPosition;
      float positionY = transform. position. y + Input. GetAxis ( " Mouse Y") *
sensitivityPosition;
    transform. position = new Vector3(positionX,positionY,0);
}
```

- positionX = transform. position. x + Input. GetAxis (" Mouse X") * sensitivityPosition；表示鼠标在 X 轴上移动的距离转换为物体在场景中的坐标。
- positionY = transform. position. y + Input. GetAxis (" Mouse Y") * sensitivityPosition；表示鼠标在 Y 轴上移动的距离转换为物体在场景中的坐标。

3. 缩放：按下鼠标中键（滚轴）时操作

在 Update 中添加以下代码：

```
if (Input.GetAxis("Mouse ScrollWheel")< 0) //向前滚轮,场景拉近,模型放大
{
    if (Camera.main.fieldOfView <= 100)
    {
        Camera.main.fieldOfView += 2;
    }
}
else if (Input.GetAxis("Mouse ScrollWheel") > 0) //向后滚轮,场景拉远,模型缩小
{
    if (Camera.main.fieldOfView > 2)
    {
        Camera.main.fieldOfView -= 2;
    }
}
```

- Input. GetAxis("Mouse ScrollWheel")：获得滚轮的值，当滚轮向前滚动时，其值大

于零,设定场景拉近,物体变大。当滚轮向后滚动时,其值小于零,设定场景拉远,物体变小。

- Camera. main. fieldOfView :为摄像机的视野,范围为 2~100,变化值为 2。

在 Project 视图中,单击"Create"创建文件夹,命名为"Scripts",用来存放所有的代码。然后打开 Scripts 文件夹,创建 C♯ Script,命名为"ShowScripts",如图 7-12 所示。添加代码,最后将代码挂在物体模型 Machine 上,将代码直接拖入 Machine 的 Inspector 中即可,如图 7-13 所示。

图 7-12　添加代码结果

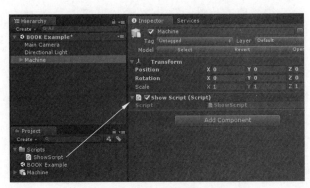

图 7-13　代码挂在物体模型上

完整的代码如下:

```
public class ShowScript : MonoBehaviour {
    //旋转的灵敏度,偏移量
    private float sensitivityX = 10f;
    private float sensitivityY = 10f;
    //平移的灵敏度,偏移量
    private float sensitivityPosition = 0.5f;
    //绕 X 轴旋转的角度范围
    private float minimumY = -25f;
    private float maximumY = 25f;
    //旋转后的角度值
    private float rotationX = 0f;
    private float rotationY = 0f;
    // Use this for initialization
    void Start () {

    }
    // Update is called once per frame
    void Update () {
        //当鼠标左键(0)按下时,旋转物体;
        //当鼠标右键(1)按下时,平移物体;
        //当鼠标中间(2)滚动时,缩放物体;
        if(Input.GetMouseButton(0)){
            rotationX = transform. localEulerAngles. y - Input. GetAxis ("Mouse X") *
sensitivityX;
            rotationY = rotationY - Input. GetAxis ("Mouse Y") * sensitivityY;
            rotationY = Mathf. Clamp (rotationY, minimumY, maximumY);
```

```
        transform.localEulerAngles = new Vector3 ( – rotationY, rotationX, 0);
    }
    if (Input.GetMouseButton (1)) {
        float positionX = transform. position. x + Input. GetAxis ( " Mouse X") *
sensitivityPosition;
        float positionY = transform. position. y + Input. GetAxis ( " Mouse Y") *
sensitivityPosition;
        transform.position = new Vector3 (positionX, positionY, 0);
    }
    //场景缩放的范围在 2～100。向前滚动,场景拉近,模型放大。向后滚动,场景拉远,模型
变小
    if (Input.GetAxis("Mouse ScrollWheel")< 0) {
        if (Camera.main.fieldOfView < 100) {
            Camera.main.fieldOfView + = 2;
        }
    } else if (Input.GetAxis ("Mouse ScrollWheel") > 0) {
        if (Camera.main.fieldOfView > 2) {
            Camera.main.fieldOfView – = 2;
        }
    }
    }
}
}
```

7.4 前盖的开关实现

模型的前盖为图 7-14 所选中的部分,这部分内容是实现鼠标左键单击前盖,完成前盖的打开和关闭的操作。制作过程包括选中前盖包含的所有零件,对整个前盖添加开、关动画,代码控制鼠标等步骤。

7.4.1 前期准备

(1) 首先在 Machine 下建一空物体 Front,用来存放前盖的组件。调整 Front 的位置,使其中心点与前盖的旋转轴重叠。如图 7-15 所示。

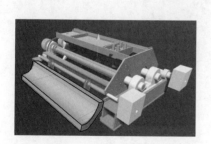

图 7-14 模型的前盖

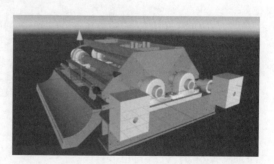

图 7-15 调整空物体的坐标轴与前盖的旋转轴重合

(2) 在场景视图中,按下 Ctrl 键,使用鼠标选中物体。然后在 Hierarchy 面板中,选中刚刚选中物体的父物体,拖入到 Front 组件中,如图 7-16 所示。效果图如图 7-17 所示。

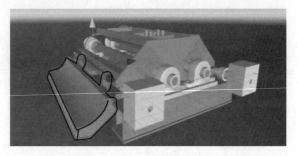

图 7-16　前盖的物体　　　　　　　　图 7-17　前盖

（3）为 Front 组件添加碰撞体（Box Collider）。在 Hierarchy 面板中，选中 Front，在 Inspector 面板中单击"Add Component"添加组件，选择 Box Collider 添加 Box 碰撞器，如图 7-18 所示。然后在 Box Collider 中选择"Edit Collider"编辑碰撞体，如图 7-19 所示。移动碰撞体六个面的中心位置的微调节点来调整碰撞体的位置和大小。最终的结果如图 7-20 所示，让碰撞体包围盒完全包围前盖。

图 7-18　添加碰撞组件　　　　　　　　图 7-19　编辑碰撞体的界面

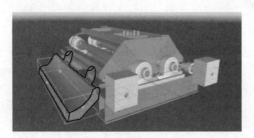

图 7-20　调整好的碰撞体

7.4.2　开关动画制作

（1）选择菜单栏中 Windows → Animation 进入动画编辑器界面，如图 7-21 所示。在 Hierarchy 面板中选中要添加动画的 Front 组件，再单击"Create"按钮，如图 7-22 所示。

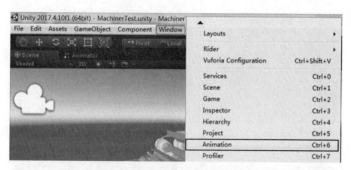

图 7-21　选择 Animation 组件

图 7-22　动画编辑器界面

（2）首先设计前盖关闭的动画，命名为"FrontToClose"，如图 7-23 所示。因为盖子的动画是旋转，所以，单击添加动画的属性按钮"Add Property"，选择动画属性为"Rotation"，界面如图 7-24 所示，添加后界面效果如图 7-25 所示。

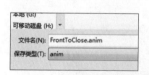

图 7-23　保存动画

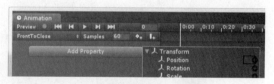

图 7-24　添加 Rotation 动画界面

图 7-25　添加动画后的界面效果

（3）通过观察可知，盖子绕 X 轴旋转。所以，第一帧不动，选择最后一帧，将 X 的值改为 174，然后单击"Add keyframe"添加关键帧，此时，关键帧由白色变为蓝色，如图 7-26 所示。最后，单击"录制"和"开始"按钮，录制动画，如图 7-27 所示。

（4）设置盖子打开的动画。新建 New Clip，如图 7-28 所示。保存动画 FrontToOpen，选择 Rotation，如图 7-29 所示，为关闭操作的反向动作。所以，设置关键帧的第一帧 X 为 174，如图 7-30 所示。最后一帧为 0。最后单击"录制"按钮，完成动画的制作。

图 7-26　添加关键帧

图 7-27　动画录制

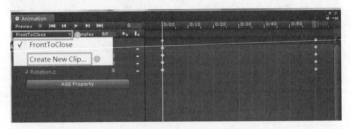

图 7-28　新建 New Clip 并保存

图 7-29　选择旋转属性

图 7-30　前盖开动作的动画设置

（5）为动画添加交互控制条件。单击
Windows→Animator 进入动画控制器，如图 7-31
所示。图 7-32 为动画控制器的初始界面，颜色
不同的长方形的节点代表盖子的不同状态，状态
之间的带箭头的连线是用来描述状态间的跳转
方向，通常称作状态转移，是在满足某种条件后，
状态间按照箭头的方向完成跳转。在图 7-32
中，橘黄色"FrontToclose"状态为默认状态，即状
态机第一次被激活时将会自动跳转的状态。用
户可以使用"Set as Layer Default State"选项来更

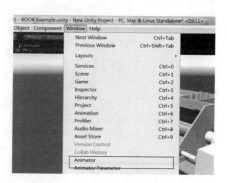

图 7-31　动画菜单

改默认状态，如图 7-33 所示。对于本案例，开始状态不是"FrontToClose"，所以，添加一个空状
态，命名为"New State"。右击选择"Set as Layer Default State"设置为默认状态。

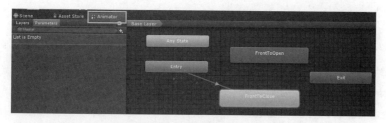

图 7-32　动画控制器的初始界面

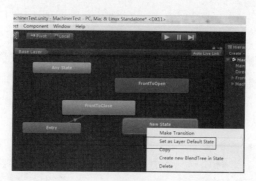

图 7-33　设置默认状态对话框

（6）使用"Make Transition"完成连线。操作过程为选中"New State"，右击选择"Make
Transition"，如图 7-34 所示，拖动选择结束状态块，即可完成带有方向性的状态间的连线。
以同样的方式，对其他状态连线，最终效果如图 7-35 所示。

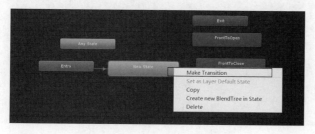

图 7-34　Make Transition 界面

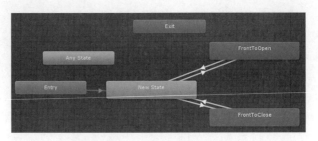

图 7-35　状态转换最终效果图

（7）为动画设置两个 Bool 变量：IsOpen 和 IsClose，初始状态都为 false，作为状态转换的条件。

① 在 Animator 动画控制器的左侧，选择 Parameters 面板，单击"＋"，选择 Bool 类型，如图 7-36 所示。

② 输入变量的名字"IsOpen"，如图 7-37 所示。

图 7-36　设置变量类型

图 7-37　设置变量的名字

③ 以同样的方式设定另一变量"IsClose"，最终效果如图 7-38 所示。

（8）为动画添加状态转移的条件。选中某条状态转移线，然后在"Inspector"中添加状态转移条件，"＋"为添加变量，"－"为删除变量，如图 7-39 所示。图 7-40 为关闭状态变量的设定，剩余的状态转换条件的设定如图 7-41～图 7-43 所示。在这里，需注意"Has Exit Time"的选项是否勾选。选中"Has Exit Time"，表示仅在状态退出时间时，保证动画演示完毕，即动画有转换过渡区。

图 7-38　定义的两个布尔变量

图 7-39　添加和删除变量的按钮

图 7-40　默认状态到关闭状态转换条件的设定

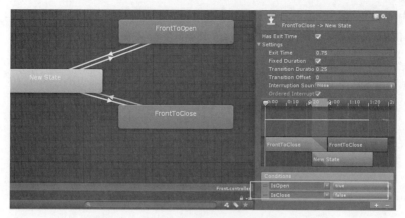

图 7-41　关闭状态到默认状态的条件设定

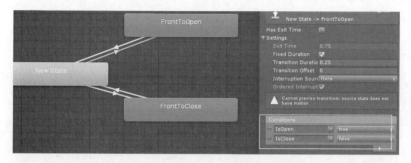

图 7-42　默认状态到打开状态的条件设定

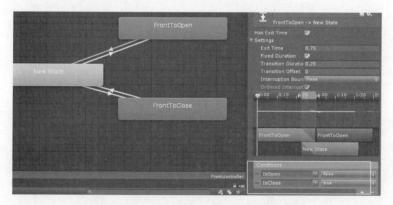

图 7-43　打开状态到默认状态的条件设定

（9）在 Project 视图中，单击 FrontToClose 动画，查看 Inspector，将 LoopTime 取消勾选，如图 7-44 所示。以同样的方式修改 FrontToOpen 动画。

图 7-44　去掉循环选项

　　(10) 为动画添加代码控制。在 Project 视图 Assets 下的 Scripts 中新建 C♯ Script,命名为"FrontRotationScript",并双击打开。输入以下代码:

```csharp
public class FrontRotationScript : MonoBehaviour {
    //定义变量
    private Animator ani;//用来连接动画控制器
    private bool DoorIsOpen;
    //对当前盖子状态的记录.因为盖子开始为打开状态,所以初始值为 true
    private Ray ray;      //定义射线
    private RaycastHit hit;
    // Use this for initialization
    void Start () {
        DoorIsOpen = true;
    }
    // Update is called once per frame
    void Update () {
        //鼠标操作
        ray = Camera.main.ScreenPointToRay (Input.mousePosition);
        if (Physics.Raycast (ray, out hit, 100)) {
            ani = hit.collider.GetComponent < Animator > ();
            if((Input.GetMouseButtonDown(0))&&(hit.collider.tag = = "Front"))
            {
                if(DoorIsOpen){
                    CloseEvent();
                }
                else{
                    OpenEvent();
                }
            }
        }
        //键盘操作,O 键为控制键
        if(Input.GetKeyDown(KeyCode.O)){
            ani = GetComponent < Animator >();
            if(DoorIsOpen){
                CloseEvent();
            }
            else {
                OpenEvent();
            }
        }
    }
    //关闭方法
    void CloseEvent(){          //关闭的条件
        ani.SetBool ("IsOpen", false);
        ani.SetBool ("IsClose", true);
        DoorIsOpen = false;     //当前的状态:关闭
    }
    //打开方法
    void OpenEvent(){          //打开的条件
        ani.SetBool ("IsOpen", true);
```

```
        ani.SetBool ("IsClose", false);
        DoorIsOpen = true;      //当前的状态: 打开
    }
}
```

此鼠标操作采用射线来实现,射线碰撞物体,通过修改碰撞物体的动画控制器中的条件来完成动画操作。程序语句 ani. SetBool ("IsOpen", true)是将动画控制器 ani 中的 IsOpen 改为 true。

（11）将代码挂在 Front 物体上,即在 Project 面板中,选中"FrontRotationScript",按下鼠标左键,拖动到 Front 物体的 Inspector 中的空白处,放开鼠标,即可完成代码与物体的连接,如图 7-45 所示。

图 7-45 代码与 Front 物体关联

（12）对 Front 添加 Tag,其过程如图 7-46 所示。先新建 Tag,命名为"Front",然后选择 Front 作为标签。

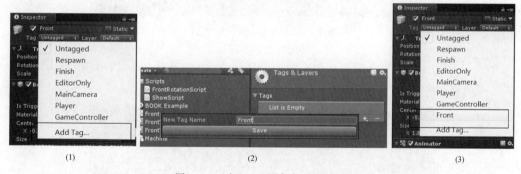

图 7-46 对 Front 添加标签的流程

（13）运行程序,对前盖的开合进行调试,鼠标单击前盖或者按下键盘"O"键测试前盖的开合操作是否正确,无 Bug 表示完成了前盖的设置。

7.5 顺序拆装动画制作

物体的零件较多,选择编号为 98,85,84 的三个零件为例来讲解其拆装动画的制作。如图 7-47 所示。

7.5.1 拆装动画制作

为编号为 98,85,84 三个零件的父物体添加

图 7-47 顺序拆装操作选择的三个零件

动画,设置其移动的方向。因为物体是位置的改变,所以选择 Position 属性设置动画。其制作过程类似于前盖的制作。在此进行简单介绍,不详细赘述。

在菜单栏中,选择 Window 下的 Animation,创建零件 98 的拆卸动画,命名为"Open98"。如图 7-48 所示,添加关键帧,并设置 Position:x 为-1。

图 7-48　零件 98 的拆卸动画

新建帧动画,为零件 98 创建安装动画,命名为"Close98",其设置与拆卸动画相反。如图 7-49 所示。

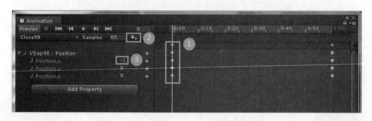

图 7-49　零件 98 的安装动画

零件 85 和零件 84 的拆卸和安装动画的制作与零件 98 类似,仅仅是运动的方向和距离不一样。所以,在此不再赘述,其参数的设置如图 7-50~图 7-53 所示。

图 7-50　零件 85 的拆卸动画

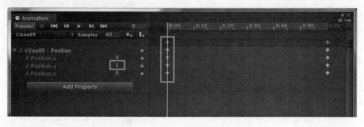

图 7-51　零件 85 的安装动画

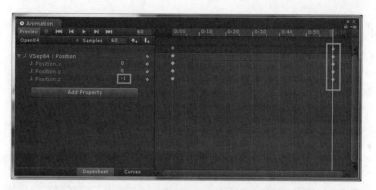

图 7-52　零件 84 的拆卸动画

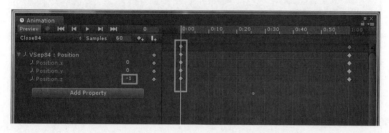

图 7-53　零件 84 的安装动画

最后,取消零件 98、85、84 的所有动画的 Loop Time 选项的勾选,图 7-54 为 Close84 动画的 Inspector 的设置。

图 7-54　Close84 动画的 Inspector 设置

7.5.2　动画控制器的设置

为每个零件设置动画控制器,其设置与前盖的设置类似,所以,详细过程请参考前盖的设置,在此不再赘述。

首先对零件 98 设置动画控制器,设置 Bool 类型的参数 IsOpen 和 IsClose,记录当前零件的状态。如图 7-55 所示,参数的初始状态为 IsClose 为 true,IsOpen 为 false。

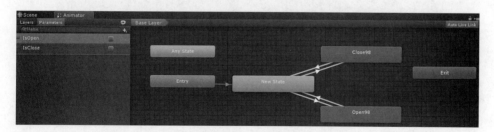

图 7-55　98 零件的动画控制器设置

其中,从初始状态到打开状态(New State→Open98)的条件是 IsOpen 为 true,IsClose 为 false,如图 7-56 所示。从打开状态到初始状态(Open98→New State)的条件是 IsOpen 为 false,IsClose 为 true,如图 7-57 所示。从关闭状态到初始状态(Close98→New State)的条件是 IsOpen 为 true,IsClose 为 false,如图 7-58 所示。从初始状态到关闭状态(New State→Close98)的条件是 IsOpen 为 false,IsClose 为 true,如图 7-59 所示。

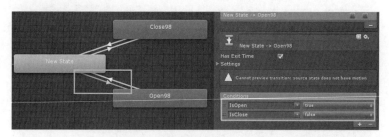

图 7-56　从初始状态到打开状态的条件设置

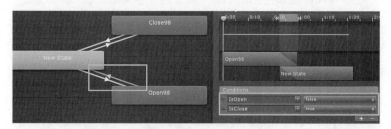

图 7-57　从打开状态到初始状态的条件设置

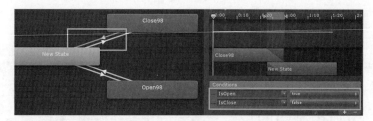

图 7-58　从关闭状态到初始状态的条件设置

图 7-59　从初始状态到关闭状态的条件设置

　　零件 85 和零件 84 的状态转换设置如图 7-60 和图 7-61 所示,状态转换的条件设置参考零件 98。

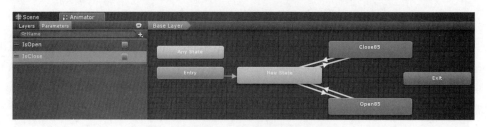

图 7-60　零件 85 的动画控制器的设置

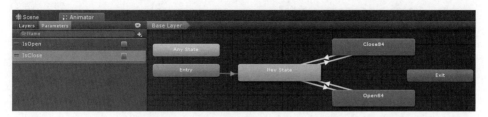

图 7-61　零件 84 的动画控制器的设置

7.5.3　交互功能制作

1. 添加碰撞器

为每个零件添加碰撞器。在 Hierarchy 面板中，选中零件 98，然后在 Inspector 面板中单击"Add Component"，选择"Box Collider"添加 Box 碰撞器。然后在 Box Collider 中选择"Edit Collider"编辑碰撞体，移动碰撞体六个面中心位置的微调节点来调整碰撞器的位置和大小。最终的结果如图 7-62 所示，让碰撞器包围盒完全包围零件 98。

图 7-62　零件 98 的碰撞器

参考零件 98 的方法，为零件 85 和零件 84 添加碰撞器，其最终效果如图 7-63 和图 7-64 所示。

图 7-63　零件 85 的碰撞器

图 7-64　零件 84 的碰撞器

2. 单步拆装

在 Project 视图的 Scripts 文件夹下，右击新建 C♯ Scripts，命名为"AnimatorManageScript"。需要注意的是：

- 因为拆装的物体较多，所以采用数组存储物体数据。

```
public GameObject[] obj;
```

- 鼠标单击物体采用射线来实现。

```
private Ray ray; //射线
private RaycastHit hit;
```

```
ray = Camera.main.ScreenPointToRay(Input.mousePosition);
```

- 鼠标单击零件,判断出零件数组的编号,通过编号来查看零件的状态(打开或关闭)。判断鼠标单击的物体是否为移动零件,通过标签来实现。标签为"MoveObj",详细过程见前盖的标签添加过程。

```
int num;
if (Input.GetMouseButtonDown(0))
{
    if (Physics.Raycast(ray, out hit, 100))
    {
        ani = hit.collider.GetComponent < Animator >();
        if (hit.collider.tag == "MoveObj")
        {
            NumEvent();
        }
    }
}
void NumEvent()            //通过名字来查找编号
{
    for (int i = 0; i < obj.Length; i++)
    {
        if (hit.collider.name == obj[i].name)
        {
            num = i;
            break;
        }
    }
}
```

- 物体当前状态,通过 Bool 变量来判断。

```
void initObj() //各个移动物体的初始状态变量的值
{
    for (int i = 0; i < obj.Length; i++)
    {
        isOpen[i] = false;
    }
}
```

- 打开和关闭的动画控制。

```
void CloseEvent()
{
    ani.SetBool("IsOpen", false);
    ani.SetBool("IsClose", true);
}
void OpenEvent()
{
    ani.SetBool("IsOpen", true);
    ani.SetBool("IsClose", false);
}
```

- 拆(开)或装(关)操作的判断。零件的拆操作和装操作的判断逻辑参见图 7-65。i 为零件的编号,从 0 开始。Length 为零件的总个数。isOpen 为零件当前的状态,如果为 true 表示拆卸状态,反之为装配状态。

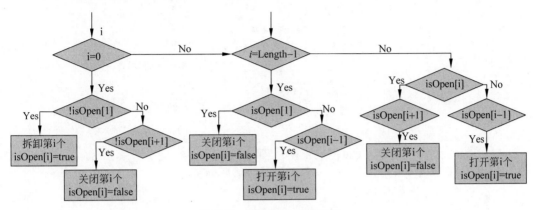

图 7-65　零件拆装的流程图

单步拆装的完整代码如下所示,并把代码挂在 Machine 上。

```
public class AnimatorManageScript : MonoBehaviour
{
    public GameObject[] obj; //管理所有物体
    private bool[] isOpen; //是否打开
    private int num; //记录当前碰撞的物体的编号
    private Ray ray; //定义射线,采用射线实现鼠标的点击操作
    private RaycastHit hit; //是一个结构体,用来存储射线返回的信息
    private Animator ani;
    // Use this for initialization
    void Start ()
    {
        isOpen = new bool[obj.Length];
        initObj(); //初始化
        num = -1;
    }
    void Update ()
    {
        ray = Camera.main.ScreenPointToRay(Input.mousePosition);
        if (Input.GetMouseButtonDown(0))
        {
            if (Physics.Raycast(ray, out hit, 100))
            {
                ani = hit.collider.GetComponent<Animator>();
                if (hit.collider.tag == "MoveObj")
                {
                    NumEvent();
```
　　//如果为第一个物体,且物体没有被打开,则打开第一个物体,并对 isOpen 赋值为 true,代表已经打开了
　　//否则,如果第一个为打开状态,第二个为关闭状态,则关闭第一个,赋值 isOpen 为 false,代表关闭了状态

```
if (num == 0)
    {
    if (!isOpen[num]) //关闭状态,则打开,状态改变
        {
            OpenEvent();
            isOpen[num] = true;
        }else if (!isOpen[num + 1])//打开状态,如果下一个为关闭状态,则关闭,状
```
态改变
```
        {
            CloseEvent();
            isOpen[num] = false;
        }
    }
```
//如果最后一个物体为关闭状态,倒数第二个物体为打开状态,表示为拆的过程,
//则打开最后一个物体,修改 isOpen 的值为 true,即 isOpen = true。
```
    else if (num == obj.Length - 1)
    {
    if (isOpen[num]) //已经打开,则关闭,状态改变
        }
            CloseEvent();
            isOpen[num] = false;
        }else if (isOpen[num - 1])
```
//关闭状态时,上一个是打开状态,则打开,状态改变
```
        }
            OpenEvent();
            isOpen[num] = true;
        }
    }
```
//物体非第一个和最后一个物体,则如果已经打开,且下一个物体关闭状态,表示运行装配操作,
则关闭,isOpen = false,代表物体已关闭
//物体处于关闭状态,上一个物体为打开状态,表示运行拆卸操作,则此物体打开,isOpen =
true,表示此物体已打开
```
        else if (isOpen[num])
        {
            if (!isOpen[num + 1])
```
//打开状态,下一个为关闭状态,则关闭,状态改变
```
            { CloseEvent();
                isOpen[num] = false;
            }
        }
        else if (isOpen[num - 1])
```
//关闭状态,如果上一个物体为打开状态,则打开,状态改变
```
        {
            OpenEvent();
            isOpen[num] = true;
        }
        }
    }
    }
}
void initObj() //各个移动物体的初始状态变量的值
```

```
{
    for (int i = 0; i < obj.Length; i++)
    {
        isOpen[i] = false;
    }
}
//确定碰撞的物体的编号
void NumEvent()
{
    for (int i = 0; i < obj.Length; i++)
    {
        if (hit.collider.name == obj[i].name)
        {
            num = i;
            break;
        }
    }
}
void CloseEvent()
{
    ani.SetBool("isOpen", false);
    ani.SetBool("isClose", true);
}
void OpenEvent()
{
    ani.SetBool("isOpen", true);
    ani.SetBool("isClose", false);
}
}
```

3. 一键拆装

通过键盘操作来实现一键拆装的控制,当按下 C 键时拆卸,再次按下 C 键时装配。编写代码实现控制。在 Project 面板中选择 Scripts 文件夹,选择"C♯ Script"新建脚本,命名为"KeyController"。

在代码编写时,首先找到要拆卸和安装的零件,设置全部拆卸和安装的操作,设置拆装操作的触发条件。完整代码如下:

```
public class KeyController : MonoBehaviour {
    public GameObject[] obj;
    private Animator ani;
    private bool isAllOpen;
    private bool isAllClose;
    private bool[] isOpen;
    private int len;
    // Use this for initialization
    void Start () {
        isAllOpen = false;
        isAllClose = true;//开始为装配状态
        len = obj.Length;
        isOpen = new bool[len];
```

```
            InitObj ();
        }
        void InitObj() //各个移动物体的初始状态变量的值 false,装配状态
        {
            for (int i = 0; i < len; i++)
            {
                isOpen[i] = false;
            }
        }


        // Update is called once per frame
        void Update () {
            if (Input.GetKeyDown (KeyCode.C)) {
                if (isAllOpen == false) {
                    AllOpenEvent();
                    isAllOpen = true;
                    isAllClose = false;
                }else if (isAllClose == false) {
                    AllCloseEvent ();
                    isAllClose = true;
                    isAllOpen = false;
                }
            }
        }
        public void AllOpenEvent(){      //开的状态设置
            for(int i = 0; i < len; i++){
                ani = obj[i].GetComponent < Animator > ();
                ani.SetBool ("IsOpen",true);
                ani.SetBool ("IsClose",false);
            }
        }
        public void AllCloseEvent(){      //关的状态设置
            for (int i = 0; i < len; i++) {
                ani = obj[i].GetComponent < Animator > ();
                ani.SetBool ("IsOpen",false);
                ani.SetBool ("IsClose",true);
            }
        }
    }
```

7.6 GUI

为用户能够快速直观地进行交互,需要添加图形用户界面(Graphic User Interface,GUI)。自 Unity4.6 开始至今,Unity 中的 UGUI 系统已经相当成熟了,它提供了强大的可视化编辑器,允许开发者快速高效且直观地创建图形用户界面,满足各种 GUI 制作的需求。在此,借助 GUI,开发 GUI 界面。

Canvas(画布)是存放所有 UI 元素的容器,所有的 UI 元素都必须放在画布的子节点下。单击 Project 视图下 Create 子节点 UI 中的 Canvas,如图 7-66 所示。当单击菜单栏中的 GameObject→UI 下的子项来创建一个 GUI 控件时,如果当前不存在画布,系统将会自动创建一个画布。

图 7-66　Canvas 的创建

7.6.1　添加按钮

(1) 在 Hierarchy 面板中,单击 Create 下 UI 的 Button,创建画布和按钮。然后再创建一个按钮,将两个 Button 的名字分别修改为“AllOpenButton”和“AllCloseButton”,分别实现一键拆卸和一键安装。如图 7-67 所示。

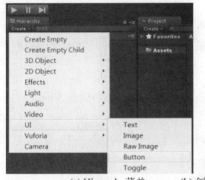　　

(a) Hierarchy菜单　　　(b) 创建后 Hierarchy的界面　　(c) 修改按钮名字

图 7-67　UI 按钮的创建过程

(2) 在 Hierarchy 面板中,单击 Button 下的 Text,然后在 Inspector 里修改 Button 的文本显示,分别为“快速拆卸”和“快速装配”。如图 7-68 所示。

(a) 按钮文本修改为快速拆卸　　　　　　(b) 按钮文本修改为快速安装

图 7-68　按钮文本内容的修改

(3) 修改按钮的位置。选中“AllOpenButton”按钮,在 Inspector 面板中,单击锚点图标。选择物体在画布中的位置——左上角。接着,在 Scene 中微调按钮,调整其到合适的位置。然后,在 Inspector 中设置按钮的大小,Width 修改为 120,Height 修改为 30。如图 7-69 所示。另一按钮“AllCloseButton”制作过程与按钮“AllOpenButton”同理,不再赘述,最终效果如图 7-70 所示。

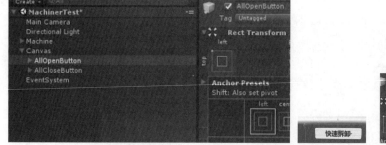

(a) 锚点的设置　　　　　(b) Scene中按钮位置的微调　　　　　(c) 修改按钮的尺寸

图 7-69　按钮位置的修改

图 7-70　AllCloseButton 修改后的效果图

（4）修改按钮的颜色。在 Inspector 面板中，Normal Color 为鼠标不操作时按钮的颜色（常态时的颜色），Highlighted Color 为鼠标移动到按钮上时按钮的颜色（高亮颜色）。Pressed Color 为鼠标点击按钮时按钮的颜色（深颜色）。两个按钮的设置如图 7-71 和图 7-72 所示。设置完的效果如图 7-73 所示。

图 7-71　AllOpenButton 按钮的颜色设置

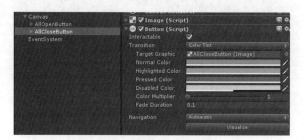

图 7-72　AllCloseButton 按钮的颜色设置

图 7-73　按钮颜色修改后的效果图

（5）按钮交互的添加。为了对按钮进行管理，添加 ButtonManagerScript 代码。由于两个按钮是对机械零件的快速拆卸和快速安装，所以，需要添加快速拆卸（OpenHandler）和快速安装（CloseHandler）的代码。此代码是以前文的动画控制器制作的动画为基础来写的。

- 代码管理（ButtonManagerScript）

为了根据机械零件当前的状态对零件的拆装进行控制，需要设置公开的布尔变量 isAllOpen 和 isAllClose。当 isAllOpen 为 true，isAllClose 为 false 时，控制"快速拆卸"按钮实现机械零件的拆装，而"快速安装"没有任何反应。当 isAllOpen 为 false，isAllClose 为 true 时，"快速拆卸"按钮不起作用，控制"快速安装"实现机械零件的安装。

为了实现对 UI 的控制，需要引入 UI 包：UnityEngine. UI 和 UnityEngine. Scene-Management。

```
using System.Collections;
using System.Collections.Generic;
using UnityEngine;
//引入 UI 包
using UnityEngine.UI;
using UnityEngine.SceneManagement;

public class ButtonManagerScript : MonoBehaviour {
    public Button OpenButton;
    public Button CloseButton;
    public bool isAllOpen;
    public bool isAllClose;
    // Use this for initialization
    void Start () {
        isAllOpen = false;
        isAllClose = false;
        OpenButton.onClick.AddListener (OpenEvent);
        CloseButton.onClick.AddListener (CloseEvent);
    }
    public void OpenEvent(){
        isAllOpen = true;
        isAllClose = false;
    }
    public void CloseEvent(){
        isAllOpen = false;
        isAllClose = true;
    }
}
```

由于此代码实现了按钮对物体状态的控制，所以，此代码拖入到 Machine 的 Inspector 空白处。接着，将按钮与代码连接，将"AllOpenButton"拖入到 Machine 的 Inspector 里 Scripts 中的"OpenButton"中。"AllCloseButton"拖入到 Machine 的 Inspector 里的 CloseButton 中，如图 7-74 所示。

- 快速拆卸（OpenHandler）

首先找到要操作的物体。定义公开的变量 Obj，将 Machine 物体挂入 Obj 中。通过 obj. GetComponent＜AnimatorManageScript＞( ). obj［i］. GetComponent＜Animator＞( )

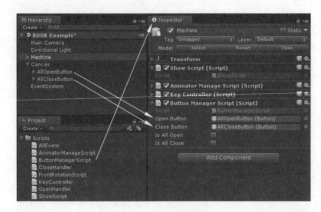

图 7-74　"ButtonManagerScript"代码添加到 Machine 并设置

找到要拆卸零件的动画控制器,设置动画条件。此代码挂在快速拆卸按钮上。

通过条件判断实现零件的拆卸操作,如果 isAllOpen 为 true 且 isAllClose 为 false 时,则拆卸。因为是一次性对多个零件进行拆卸,所以采用了循环来实现。即寻找到要拆卸的零件,设置动画操作的条件。

写完代码后,将代码挂在 AllOpenButton 按钮上,连接操作物体,如图 7-75 所示。

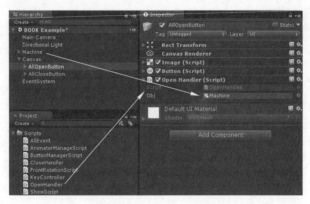

图 7-75　拆卸代码添加到拆卸按钮上的设置

以下为完整的代码:

```
public class OpenHandler : MonoBehaviour {
    public GameObject obj;
    private Animator ani;
    private int len;
    private bool isClick;
    // Use this for initialization
    void Start () {
        //获得含有动画控制器的物体的个数(已知的),根据组件查找
        len = obj.GetComponent < AnimatorManageScript > ().obj.Length;
    }

    // Update is called once per frame
     void Update () {
```

```
    //如果物体满足开的条件,则开启拆卸操作(开)
    if(obj.GetComponent < ButtonManagerScript >().isAllOpen == true& obj.GetComponent
    < ButtonMan agerScript > ().isAllClose == false) //物体要打开
{
        AllOpenEvent ();
    }
}
void AllOpenEvent(){
    //获得物体的动画控制器,设置控制变量的值
    for(int i = 0;i < len;i++){
        ani = obj. GetComponent < AnimatorManageScript > (). obj [ i]. GetComponent <
Animator > ();
        ani.SetBool ("IsOpen", true);
        ani.SetBool ("IsClose", false);
    }
  }
}
```

- 快速安装

与快速拆卸的设计思想类似。

首先找到零件。定义公开的变量 Obj,将 Machine 物体挂入 Obj 中。通过 obj. GetComponent<AnimatorManageScript>(). obj[i]. GetComponent<Animator>()找到要安装零件的动画控制器,设置动画条件。此代码挂在快速安装按钮上。

通过条件判断实现零件的安装操作,如果 isAllClose 为 true,且 isAllOpen 为 false,则安装。同样,因为是一次性对多个零件进行拆卸,所以采用了循环来实现。

最后,将代码挂在 AllCloseButton 按钮上,如图 7-76 所示。代码如下。

```
public class CloseHandler : MonoBehaviour {
    public GameObject obj;
    private int len;
    private Animator ani;
    // Use this for initialization
    void Start () {
        len = obj.GetComponent < AnimatorManageScript > ().obj.Length;
    }
    // Update is called once per frame
    void Update () {
        if ( obj. GetComponent < ButtonManagerScript > (). isAllClose == true & obj.
GetComponent < ButtonManagerScript > ().isAllOpen == false)
        {
            AllCloseEvent ();
        }
    }
    void AllCloseEvent (){
        for (int i = 0; i < len; i++) {
            ani = obj. GetComponent < AnimatorManageScript > (). obj [ i]. GetComponent <
Animator > ();
            ani.SetBool ("IsOpen",false);
            ani.SetBool ("IsClose",true);
```

```
        }
      }
    }
```

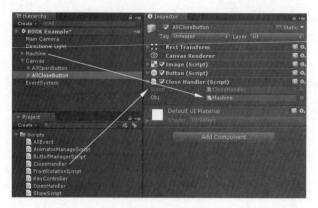

图 7-76　安装代码添加到安装按钮上的设置

7.6.2　其他附加功能的实现

在场景中,为了实现更加友好的交互,对界面设置优化,添加"场景快捷方式显示""场景跳转"和"场景退出"等操作。

(1) 设置标题,在 Canvas 中添加文本框,命名为"Title",并将其 Inspector 中的 Text 修改为"机械零件拆装实验"。其设置与效果如图 7-77 所示。

图 7-77　标题的参数设置与最终效果

在 Inspector 中的 Text 中添加标题内容为"机械零件拆装实验"。在 Rect Transform 中设置标题在界面中的位置,选择中上的位置,如图 7-78 所示。除此之外,如果更改字号后程序运行看不到标题,则在 Inspector 面板中的 Character 中,将 Horizontal Overflow 的值由 Wrap 改为 Overflow,Vertical Overflow 的值由 Truncate 改为 Overflow 即可。

(2) 快捷键提示。思路是单击按钮显示出所有快捷键的介绍,再单击按钮,隐藏快捷键的介绍。

① 首先添加两个按钮,分别为 ShortCutButton(快捷方式)和 ReturnButton(返回)。其

中,ShortCutButton 和 ReturnButton 这两个按钮重叠,即位置一致。按钮的大小与"快速拆卸"一样。效果如图 7-79 所示。

② 在"快捷方式"按钮上以文本的形式显示快捷键的介绍。首先创建 Text,命名为"Tips"。并将其 Inspector 中的 Text 更改为:最终效果快速拆装:C 键;快速安装:C 键;前盖开关:O 键;转换场景:L 键;应用退出:Q 键。字的颜色设置为白色。最终效果如图 7-80 所示。

图 7-78　标题的布局

图 7-79　添加快捷键
提示按钮和返回按钮

图 7-80　文本的快捷提示
内容和相应设置的效果

③ 为了实现两个按钮对文本框的操作,需要添加相应的设置。要求是单击 ShortCutButton 按钮时,显示 Tips 和 ReturnButton 按钮。当单击 ReturnButton 按钮时,隐藏 Tips 和 ReturnButton 按钮。设置如下:

• 设置 ShortCutButton 按钮

首先,选中 ShortCutButton 按钮,在 Inspector 面板中,找到"OnClick",如图 7-81 所示。然后单击"+",在弹出的对话框中,将 Hierarchy 面板中的

图 7-81　OnClick 的初始界面

Tips 拖入到"None(Object)"中,如图 7-82 所示。然后在上面右侧框"No Function"的下拉菜单中选择函数 GameObject 中的 SetActive()。并选中 Tips 旁边的复选框,其含义是当鼠标单击此按钮时,Tips 的状态被激活,可见。其界面如图 7-83 所示。同时,将 Tips 的初始状态设置为不可见,其设置如图 7-84 所示。

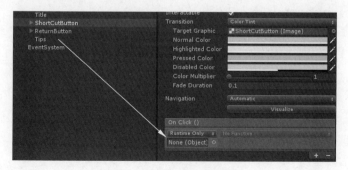

图 7-82　Tips 与按钮连接

图 7-83　OnClick()的设置

图 7-84　Tips 设置为不可见状态

继续单击"＋",将 ReturnButton 按钮拖入到"None(Object)",然后在"No Function"的下拉菜单中选择函数 GameObject 中的 SetActive(),并选中 ReturnButton 旁边的可见复选框,再将 ReturnButton 按钮的初始状态设置为不可见。最终效果图如图 7-85 所示。

- 设置 ReturnButton 按钮

其方法与 ShortCutButton 按钮相同,差别是最终的状态为不可见。其设置如图 7-86 所示。

图 7-85　OnClick 的最终设置

图 7-86　ReturnButton 按钮的 OnClick 设置

(3) 场景转换。

首先添加一个按钮并命名为"ChangeSceneButton"。按钮的大小、颜色等设置与"快速拆卸"按钮一样。效果如图 7-87 所示。

图 7-87　场景转换按钮效果图

为了实现对按钮的监听,需要对其添加代码,完成场景转换的操作。在 Project 面板中添加"ChangeSceneScript"代码脚本。最后将代码挂在 ChangeSceneButton 按钮上。除此之外,设置了快捷键 L 实现场景转换代码。其代码如下:

```
using System.Collections;
using System.Collections.Generic;
using UnityEngine;
using UnityEngine.UI; //引入包
using UnityEngine.SceneManagement; //引入包

public class ChangeSceneScript : MonoBehaviour {
    // Use this for initialization
    void Start () {
    //对按钮添加监听
        GetComponent < Button > ().onClick.AddListener (OnClick);
    }
    void Update(){
        if (Input.GetKeyDown (KeyCode.L)) {//按快捷键 L 完成场景转换操作
            OnClick ();
        }
    }
```

```
void OnClick(){
    SceneManager.LoadScene ("Test"); //跳转场景进入到"Test"场景中
}
}
```

在这里,"Test"为另一场景的名字。如果没有第二个场景,则可以在工程中,新建一个空场景,命名为"Test",然后添加一组件 Cube,保存场景进行测试。

(4) 应用退出

首先添加按钮并命名为"ExitButton"。按钮的大小、颜色等设置与"快速拆卸"一样。效果如图 7-88 所示。

在 Project 面板中添加"ExitScript"代码脚本。最后将代码挂在 ExitButton 按钮上。代码中设置了快捷键 Q 完成场景退出操作。其代码如下:

图 7-88 退出按钮的最终效果

```
using System.Collections;
using System.Collections.Generic;
using UnityEngine;
using UnityEngine.UI;
public class ExitScript : MonoBehaviour {
    // Use this for initialization
    void Start () {
        GetComponent < Button > ().onClick.AddListener (OnClick);
    }
    void Update(){
        if (Input.GetKeyDown (KeyCode.Q)) { //按快捷键 Q 场景退出
            OnClick ();
        }
    }
    void OnClick(){
        Application.Quit ();
    }
}
```

注意,场景转换和场景退出的功能在场景打包后方能测试。

7.7 打包与发布

首先,在当前的 Unity 工程文件下,单击"File"中的"Building setting"。

接着,添加发布程序所关联到的所有场景。在打开的对话框中单击"Add Open Scene"选择要发布的场景。单击"Add Open Scene"一次,添加一个场景。最终效果如图 7-89 所示。场景处于打开并可编辑状态,方能添加到"Scenes in build"中。由图 7-89 可知,添加成功的场景都有一个编号,其值是由添加顺序来确定的。先添加的场景数字小,依此类推。开始编号为 0。

然后,在对话框的左下,选择发布的平台,如"PC"、Android、苹果等。如果选择了 Android 平台,则需要下载 Android SDK 和 Java SDK 并安装,然后做相应的环境配置,接着在 Build Settings 中,关联 SDK 和 JDK,设置 Other Settings。

图 7-89　多场景添加的效果图

接着,单击"Player settings...",在弹出的 Inspector 对话框中,设置相应的参数。"Resizable Windows"表示发布后的作品的页面大小能跟随运行环境窗口尺寸而变化,通常默认被选中。如图 7-90 所示。

图 7-90　Player Settings...的设置界面

最后,单击"Build settings"对话框中左下的"Build"按钮完成作品的发布。

第 8 章

沉浸式虚拟现实
案例开发与制作

8.1 沉浸式虚拟现实技术概述

沉浸式虚拟现实(Immersive VR)技术是一种让使用者完全沉浸的、置身于虚拟世界之中的技术。

众所周知,沉浸式虚拟现实系统最简单的运行方法是借助于虚拟现实一体机来实现。一体机通常包括头盔和手持控制器,提供了更多的交互动作,因此,体验者能够完成更加复杂的操作。虽然一体机的硬件便携性和允许操作的复杂度均存在较大的优势,但是由于一体机具备独立处理器,集运算与显示于一身,因此体验效果较好的一体机通常价格十分昂贵。当前,HTC,Oculus,华为,爱奇艺,Pico G2 等厂商分别推出了一体机产品,VR 一体机的产品有很多种。图 8-1 为 Pico Neo 2 VR 一体机,6DoF 电磁追踪手柄,无盲区 360°追踪定位头盔,支持真 4K 分辨率显示。图 8-2 为 HTC Vive Focus Plus VR 一体机,六自由度,多模式显示,手部精准定位与追踪。图 8-3 为 Oculus Quest2 VR 一体机,分辨率为 1832×1920,画面流畅,内置影院级 3D 定位音效,具有手势追踪功能。

图 8-1 Pico Neo2 VR 一体机

图 8-2 HTC Vive Focus Plus VR 一体机

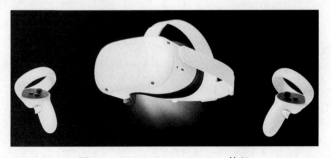

图 8-3 Oculus Questz VR 一体机

　　另一种沉浸式虚拟现实系统的运行方法是电脑与头盔的结合。即程序运行在电脑主机上，而虚拟画面显示在头盔上，用户戴着头盔，手拿控制器(手柄)即能完成虚拟交互操作。与一体机不同的是，头盔不具备中央处理器的功能，只是将通过电脑主机运算得出的结果画面显示至头盔式显示器上。和一体机相似的是，通常都配备特定的手持控制器，允许体验者进行大量复杂的交互动作。目前，此类虚拟产品较多，例如 HTC VIVE，Oculus Rift 等。但是，此类产品对电脑主机的性能要求较高。在本章后面的案例开发中，以 HTC VIVE 头盔式显示器设备进行开发。

8.2　基于 HTC 的虚拟现实案例开发

8.2.1　HTC VIVE 设备介绍

1. 系统要求

若要使用 VIVE，电脑必须满足以下系统要求，如图 8-4 所示(官方数据)。

组件	建议系统要求	最低系统要求
处理器	Intel® Core™ i5-4590/AMD FX™ 8350 同等或更高配置	Intel Core i5-4590/AMD FX 8350 同等或更高配置
GPU	NVIDIA® GeForce® GTX 1060、AMD Radeon™ RX 480 同等或更高配置	NVIDIA GeForce GTX 970、AMD Radeon R9 290 同等或更高配置
内存	4 GB RAM 或以上	4 GB RAM 或以上
视频输出	HDMI 1.4、DisplayPort™ 1.2 或以上	HDMI 1.4、DisplayPort 1.2 或以上
USB 端口	1x USB 2.0 或以上	1x USB 2.0 或以上
操作系统	Windows® 7 SP1、Windows 8.1 或更高版本、Windows 10	Windows 7 SP1、Windows 8.1 或更高版本、Windows 10

图 8-4　配置参数

使用者可以登录 HTC 官方网站进行电脑性能测试，查看是否满足设备要求。

2. 头戴式显示器设备

图 8-5～图 8-7 分别为 HTC VIVE 头盔式显示器不同侧面的介绍。

正面和侧面

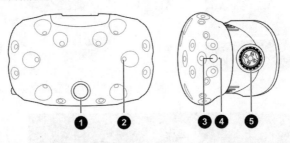

1	相机镜头
2	追踪感应器
3	头戴式设备按钮
4	状态指示灯
5	镜头距离旋钮

图 8-5　头盔式显示器的正面和侧面介绍

背面

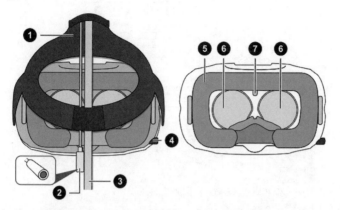

1	标准滑带
2	音频线
3	三合一连接线
4	IPD（瞳孔间距）旋钮
5	面部衬垫
6	镜头
7	距离感应器

图 8-6　头盔式显示器的背面介绍

底部

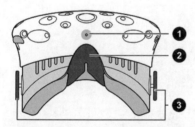

1	麦克风
2	鼻部衬垫
3	镜头距离旋钮

图 8-7　头盔式显示器的底部介绍

3. 串流盒和定位器

串流盒和定位器介绍,如图 8-8 和图 8-9 所示。

8.2.2　HTC VIVE 设备连接

1. 将头戴式显示器设备连接到电脑

(1) 将三合一连接线安装到头戴显示器设备上,如图 8-10 所示。

(2) 安装成功后,装回舱盖,如图 8-11 所示。

(3) 将电源适配器连接线连接到串流盒上对应的端口,然后将另外一端插入电源插座以开启串流盒。

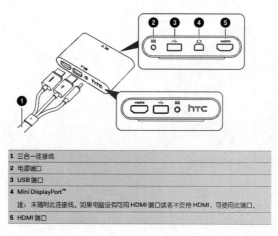

1	三合一连接线
2	电源端口
3	USB端口
4	Mini DisplayPort™
	注：未随附此连接线。如果电脑没有可用 HDMI 端口或者不支持 HDMI，可使用此端口。
5	HDMI 端口

图 8-8　串流盒介绍

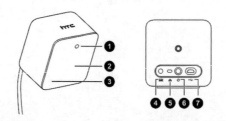

1	状态指示灯
2	前面板
3	频道指示灯（凹陷）
4	电源端口
5	频道按钮
6	同步数据线端口（可选）
7	Micro-USB 端口（用于固件更新）

图 8-9　定位器介绍

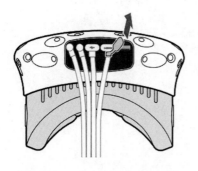

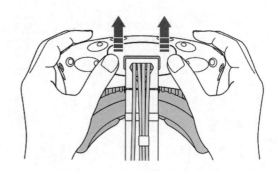

图 8-10　三合一连接头盔显示器

图 8-11　装回舱盖

（4）将 HDMI 连接线插入串流盒上的 HDMI 端口，然后将另外一端插入电脑显卡上的 HDMI 端口。

（5）将 USB 数据线插入串流盒上的 USB 端口,然后将另外一端插入电脑的 USB 端口。

（6）将头戴式显示器设备三合一连接线（HDMI、USB 和电源）对准串流盒上的橙色面,然后插入,如图 8-12 所示。

2. 定位器安装

（1）将定位器安装在房间内的对角位置。安装定位器时,可以使用三脚架、灯架或吊杆,或安放在稳固的书架上。避免使用不牢固的安装方式或放在容易振动的表面。

（2）调整定位器角度,使其前面板朝向游玩区的中心。

（3）对角安装定位器,高于玩家头部的位置,最好在 2m 以上。每个定位器视场为 120°,建议向下倾斜 30°～45°安装,以完整覆盖玩家的游玩区。为能获得最佳的追踪,请确保两个定位器的间距不超过 5m。避免安装在光线明亮的区域,因为这可能会对定位器的性能造成负面影响,如图 8-13 所示。

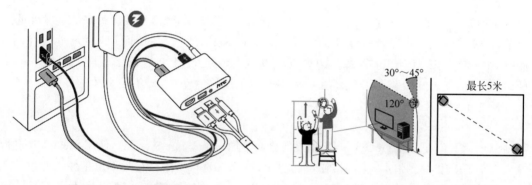

图 8-12　与串流盒的连接   图 8-13　定位器的安装示意图

（4）为每个定位器接上电源线,然后分别插入电源插座以开启电源。状态指示灯应显示绿色。

（5）连接定位器并设置频道。按下定位器背面的频道按钮,将一个定位器设为频道"b",另一个设为频道"c"。

3. 首次设置 VIVE

在使用 VIVE 前,需要先完成设置过程,包括安装 VIVE 和 SteamVR 软件、设置硬件,以及定义游玩区。

（1）仅站立模式设置:

① 在电脑上,打开 SteamVR 应用程序。

② 单击菜单按钮,再选择"房间设置"→仅站姿。

③ 阅读提示并按屏幕说明操作,完成设置。如图 8-14 所示。

（2）房间模式:

① 在电脑上,打开 SteamVR 应用程序。

② 单击菜单按钮,再选择"房间设置"→房间模式。

③ 阅读提示并按屏幕说明操作,完成设置。如图 8-15 所示。

图 8-14　站立模式设置

图 8-15　房间模式设置

8.2.3　案例制作

1. SteamVR Plugin 2.0 介绍

1）概述

目前越来越多的 VR 设备推出,每当有新的设备发布,都会给开发者带来一些额外的工作量,需要修改交互代码以适配新的设备。随着越来越多的设备厂商加入 OpenXR 标准,所以 SteamVR Unity Plugin 2.0 的更新也从底层交互设计上进行了优化,在 SteamVR Unity Plugin 2.0 中能够使开发者在编程中专注于用户的动作,而不是具体的控制器按键,更方便与不同 VR 设备间的无障碍移植。

2）Input System

SteamVR Unity Plugin 2.0 非常重要的更新是加入了 Input System。使用 SteamVR 进行输入而不是引用一个控制器上的按钮,也就是当用户需要与物体交互时不再是原来的按下某个按键触发交互,而是当某个动作完成时触发交互。比如当用户拿起一些东西时,不是检测控制器 Grab 键是否被按下,而是看被命名为"Grab"的动作是否为"true",这个抓取的动作可以是 Vive 控制器的某个键被按下,也可以是 Oculus Touch 控制器的某一个按键被按下或者是达到了某个阈值。因此开发人员可以自由定义默认的动作并与按键进行绑定,而不需要将输入视为某一特定设备的特定按键。这样新的设备可以快速适配应用程序,无须更改代码。

3）Actions

SteamVR 2.0 将动作分为以下 6 种类型:

- Boolean 类型:只有两种状态的动作——True 或 False,一个按键要么是被按下要么是没有被按下,不存在中间状态。

在 Unity 中对应类为:SteamVR_Action_Boolean 类。

- Single 类型:返回 0~1 的阈值,反映的是一个过程,如:Trigger 键从开始按下到被完全按下。

在 Unity 中对应类为:SteamVR_Action_Single 类。

- Vector2 类型:返回 Vector2 数值,比如 Touchpad 上的触摸面板。

在 Unity 中对应类为:SteamVR_Action_Vector2 类。

- Vector3 类型:返回 Vector3 数值,如:在 SteamVR Home 中用于滚动。

在 Unity 中对应类为:SteamVR_Action_Vector3 类。

- Pose 类型:表示三维空间中的位置和旋转,一般用于跟踪 VR 控制器。

在 Unity 中对应类为：SteamVR_Action_Pose 类。

- Skeleton 类型：获取控制器的手指关节的位置和旋转信息。

在 Unity 中对应类为：SteamVR_Action_Skeleton 类。

2. 案例开发

下面使用 SteamVR 2.0 制作一个简单的案例来体验开发时专注动作而不是按键的开发理念。

1）功能需求

（1）按下手柄中定义的"触发键"。

（2）在手柄上生成一个小球。

（3）在场景中摆放一些"瓶子"。

（4）挥动手柄并松开"触发键"时，小球抛出（要求小球抛出速度受手柄挥动速度影响）。

（5）当小球打击到"瓶子时"，"瓶子"会受到小球物理特性的影响。

2）前期准备

（1）首先，在 Unity 官方商店中搜索 SteamVR 插件，找到后下载并导入工程中，如图 8-16、图 8-17 所示。

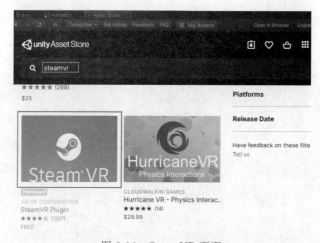

图 8-16　SteamVR 页面

图 8-17　SteamVR 下载

（2）导入完成后，我们可以在 Project 面板看到 SteamVR 插件的内容，如图 8-18 所示。

3）功能实现

（1）首先通过设置 InputSystem 来定义"触发键"。打开工具栏中的 Window→SteamVR Input，如图 8-19 所示。

（2）单击 SteamVR Input 出现 InputSystem 设置面板，如图 8-20 所示。

图 8-18 导入 Unity 的 Project 面板中

图 8-19 打开 Steam VR 插件

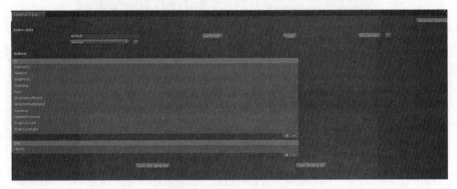

图 8-20 SteamVR Input 界面

（3）选择默认的 default 动作集打开，如图 8-21 所示。

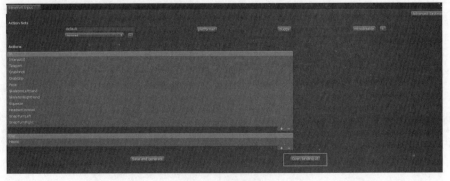

图 8-21 打开动作集

（4）打开动作集后单击"编辑"按钮进行编辑，如图 8-22 所示。

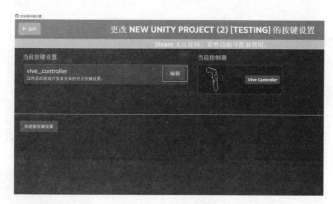

图 8-22　单击编辑

（5）打开"编辑"页面后，default 动作集中已经设置好了很多默认动作，以握持键为例，它的含义是当按下握持键时，调用被命名为"Grab Grip"的动作进行响应。同理，扳机键对应的是"Interact with UI"。也可以通过单击按键右侧的 ⊞ 键自行添加动作名称，如图 8-23 所示。

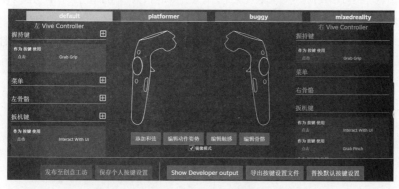

图 8-23　设置手柄动作集

（6）选用扳机键中的"GrabPinch"作为触发键，如图 8-24 所示。

（7）在 SteamVR 文件夹中找到人物的预体 Cametaria，如图 8-25 所示。

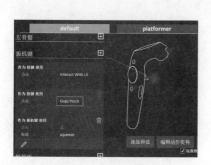

图 8-24　设置触发键

图 8-25　人物预制体 CameraRig

(8) 将 CameraRig 预制体拖入场景中,并在场景中新建一个 Plane 充当地面,新建一个小球以及一些瓶子,如图 8-26 所示。

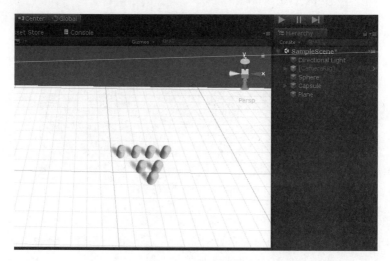

图 8-26　搭建场景

(9) 编写代码实现功能,主要讲解如何调取 SteamVR 中的方法。首先,调取 SteamVR_Action 类中的动作集和动作,调取的是 SteamVR_Actions.default_GrabPinch,代表的含义是调取 default 动作集中的 GrabPinch 动作,然后通过 GetStateDown()方法判断按下这个触发键的动作是否完成。开发思路是:先判断触发动作是否完成,如果完成了则生成小球,然后将手柄的位置赋予小球,当抬起触发键后,给小球添加刚体组件,使它具有物理特性,接着将手柄的速度赋予小球,在场景的瓶子上添加 Collider 组件充当碰撞器,这样功能就实现了,具体代码如下:

```
using UnityEngine;
using Valve.VR;
public class ThrowDemo : MonoBehaviour
{
    SteamVR_Behaviour_Pose trackedObj; //控制器
    public GameObject prefab; //需要生成小球
    GameObject current; //当前在控制器中的物体
    private void Awake()
    {
        //获取控制器
        trackedObj = GetComponent<SteamVR_Behaviour_Pose>();
    }
    private void FixedUpdate()
    {
        //通过 SteamVR_Actions.default_GrabPinch.GetStateDown()这个方法获取是否按下了按键
        //default_GrabPinch 是 default 动作集中的 GrabPinch 动作
        //SteamVR_Input_Sources.RightHand 是右手控制器
        if (current == null && SteamVR_Actions.default_GrabPinch.GetStateDown(SteamVR_Input
_Sources.Any))
```

```
    {
        //生成小球
        current = Instantiate(prefab);
        //10s 后销毁小球
        Destroy(current, 10);
    }
    if (current != null )
    {
        //将手柄的位置赋予小球
        current.transform.position = trackedObj.transform.position;
        //如果完成了 default 动作集中抬起右手控制器被定义为 GrabPinch 的动作
          if (SteamVR_Actions.default_GrabPinch.GetStateUp(SteamVR_Input_Sources.
RightHand))
        {
            //添加刚体组件
            current.AddComponent<Rigidbody>();
            //定义刚体的速度、角速度
            Rigidbody rigidbody = current.GetComponent<Rigidbody>();
            rigidbody.velocity = trackedObj.GetVelocity();
            rigidbody.angularVelocity = trackedObj.GetAngularVelocity();
            current = null;
        }
    }
}
```

（10）运行测试。当我们按下扳机键时，就会生成小球，然后挥动手柄将小球向瓶子投去，这样就实现了简单的投掷功能。

4）需求变更

接下来，如果需求变了，不用扳机键触发，而是用握持键触发，只需要将扳机键的"GrabPinch"动作删除，在握持键上添加握持键就可以了。

（1）打开 InputSystem 面板，找到 default 动作集→编辑，然后单击握持键右侧的▦键→按键，如图 8-27 所示。

图 8-27　编辑动作集

（2）选择按键后发现握持键下面多出了一个按键，动作是无，如图 8-28 所示。

（3）单击"无"进行动作选择"GrabPinch"，如图 8-29 所示。

图 8-28　握持键的初始状态

图 8-29　选择 Grab Pinch

（4）然后在扳机键的设置中删除"GrabPinch"动作，如图 8-30 所示。

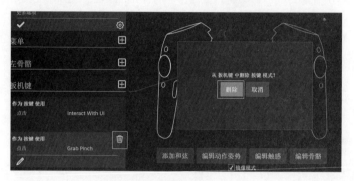

图 8-30　删除 Grab Pinch

（5）最后，保存替换原有设置，如图 8-31 所示。

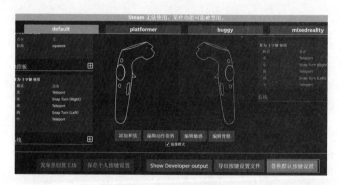

图 8-31　最终效果

设置完成后再次运行，当按下扳机键时没有生成小球，当按下握持键后生成了小球。

通过这个简单的小案例，我们就会发现 SteamVR 2.0 专注动作的开发理念是很方便的，在 1.0 的版本中如果要进行以上修改必须要修改代码，将检测是否按下扳机键的代码改成检测是否按下握持键，而现在只需修改手柄按键绑定的动作即可。这样大大节省了项目在不同硬件设备和不同手柄按键中的移植时间。

第9章

增强现实技术概述与案例制作

9.1 增强现实技术概述

9.1.1 增强现实概念

增强现实是一种利用计算机系统生成三维信息来增强用户对现实世界感知的新技术，是通过实时计算摄像机影像的位置及角度加上相应视觉特效的技术，将原本在现实世界的一定时间和空间范围内很难体验到的实体信息（视觉信息、声音、味道、触觉等）进行模拟，并在屏幕上叠加在现实场景中，从而达到超越现实的感官体验。

一般认为，AR 技术的出现源于 VR 技术的发展，但两者存在差别。传统 VR 技术给予用户一种在虚拟世界中完全沉浸的效果，是另外创造一个世界；而 AR 技术能够把虚拟信息（物体、图片、视频、声音等）融合在真实世界中，把计算机带入到用户的真实世界中，通过听、看、摸、闻虚拟信息，来增强对现实世界的感知，实现了从"人去适应机器"到技术"以人为本"的转变。

AR 是将计算机构建的世界融入到真实世界，使其与真实环境融为一体，从而增强用户对真实环境的理解。从技术上来讲，利用 AR 技术把无数的虚拟信息叠加到真实环境中，让用户能够识别现实中的万物，便于操作现实中的万物。

增强现实技术的特点是：①真实世界和虚拟世界的合成；②具有实时交互性；③在三维尺度空间中定位虚拟物体。正是因为以上几个特点，增强现实技术可以广泛应用于许多领域，例如娱乐、教育和医疗等。

9.1.2 增强现实的硬件设备

增强现实的硬件设备类型有以下几种：手持设备、固定式 AR 系统、头盔式显示器和智能眼镜等。其中，智能手机和平板电脑是手持设备的代表。这类设备的性能依然在持续进步，显示器分辨率越来越高，处理器功能越来越强，相机成像质量越来越好，自身带有多种传感器……这些都是实现增强现实必要的组成元素。但是大部分手持设备不具备可穿戴功能，因此用户无法获得双手解放的增强现实体验。

固定式 AR 系统适用于固定场所中需要更大显示屏或更高分辨率的场景。这些极少移动的系统可以搭载更加先进的相机系统，能够更加精确地识别人物和场景。此外，显示屏往往更大，分辨率更高，而且受阳光和照明灯环境因素的影响较少。

通常 HMD 内部装有一块或多块显示屏和两个或更多的摄像头。其使用摄像头采集真实场景的图像,然后再将这些图像经过校正、拼接后和虚拟物体的画面叠加现实在用户视野内。除此之外,HMD 装配了自由度很高的传感器,用于检测用户头部的前后、上下、左右、俯仰、偏转、滚动六个方向自由移动,并对画面进行相应的调整。

智能眼镜是带有屏幕、摄像机和话筒的眼镜,用户在现实世界中的视角被增强现实设备截取,增强后的画面重新显示在用户视野中。增强现实画面通过眼镜镜片反射,进入眼球。

增强现实常用的设备有谷歌眼镜(Google Project Glass)、Magic Leap、微软的HoloLens、Meta 和 Project Tango 等。

1. 谷歌眼镜

谷歌眼镜是由谷歌公司于 2012 年 4 月发布的一款增强现实型穿戴式智能眼镜,它具有和智能手机一样的功能,可以通过声音控制拍照、视频通话和辨明方向,以及上网、处理文字信息和电子邮件等。

谷歌眼镜类似于普通的眼镜,由镜架和镜片组成。只是谷歌眼镜右侧附加了微型投影仪、摄像头、传感器、存储传输和操控设备等,如图 9-1 所示。右眼的小镜片上有一个微型投影仪和一个摄像头,投影仪用于显示数据,摄像头用来拍摄视频与图像。右侧镜腿上的存储传输模块用于存储与输出数据,可通过语音、触控和自动三种模式操控设备。其工作原理是光学反射投影原理,即微型投影仪首先将光投到一块反射屏上,而后通过一块凸透镜折射到人体眼球,实现所谓的“一级放大”,在人眼前形成一个足够大的虚拟屏幕,可以显示简单的文字信息和各种数据。如图 9-2 所示,眼镜上还有一条可横置于鼻梁上方的平行鼻托和鼻梁感应器,鼻托可调整,以适应不同脸型。在鼻托里植入了电容,能够辨识眼镜是否被佩戴。

图 9-1　谷歌眼镜

图 9-2　谷歌眼镜的佩戴效果

当谷歌眼镜投入市场时,人们为其设计惊叹不已,科幻的场景变得触手可及,无数科技发烧友都梦想有这样一副眼镜。但是 2015 年,谷歌公司不再接受 Google Glass 的订单,并关闭其“探索者”软件开发项目。其主要原因是虽然 Google Glass 让使用者在现实世界获得某些方面优势,如在医疗领域、户外探险或者客户服务部门等,但是在公共场所(酒吧、商场等)的隐私将被无情地公开,受到了歧视。其次,价格昂贵,高于智能手机太多。另外是安全和健康问题,右眼在看真实世界的同时,也需要观看屏幕、操作屏幕,注意力可能会因此分散,存有安全隐患,而且长期佩戴,使用者的左右眼视力会有不均等问题。

2. Magic Leap

Magic Leap 是另一款增强现实设备,能够将虚拟世界投射在真实的环境中,如图 9-3 所示。但 Magic Leap 和现在的 VR 头盔不同的是它使用一种专有技术将现实和虚拟加以混合,混合程度几乎让人难以区分。Magic Leap 所采用的智能眼镜配置了十分细小的投影仪,将光打在透明的透镜上,然后该透镜将光反射到人的视网膜中,将虚拟世界的图像信息直接投射到人的视网膜,实现

图 9-3　Magic Leap 设备

大脑的信息采集,此技术被称作虚拟视网膜技术(Virtual Retinal Display,VRD)。在没有实体"显示设备"的情况下,将图像直接投射到用户的视网膜上。同时,Magic Leap 的分辨率非常高,而且非常真实。但是,Magic Leap 现存的问题是视场角(FOV)依然狭窄,且远远小于人眼的真实视场角,这意味着画面无法在近处完美叠加到现实场景上,也难让人沉浸到增强现实的世界中。

3. Microsoft HoloLens

Microsoft HoloLens 是一款可穿戴的独立的计算机设备,能够把一个全息图像映射到真实物理环境中,它提供了全新的看世界的方式,如图 9-4 所示。HoloLens 产品特点有透明、全息、高清镜头、立体声,让用户看到、听到周围的全息景象及声音,让物理世界变成显示的空间。其构造包括内置的 CPU、GPU 和一个专门的全息处理器,包含了透明显示屏的黑色镜片、立体音效系统,以及监测各种操作的一整套传感器。

图 9-4　HoloLens

Microsoft HoloLens 和 Magic Leap 在技术方向上是类似的,都是空间感知定位技术,其本质区别是显示技术。Magic Leap 是用光纤向视网膜直接投射整个数字光场产生所谓的电影级的现实,而 HoloLens 采用一个半透玻璃,从侧面 DLP 投影显示,看到的虚拟物体是实的。HoloLens 与谷歌眼镜类似,是个二维显示器,只有 40°的视角,沉浸感不理想。

4. Meta

Meta 是业内公认的头显之一。最先发布的是 Meta Glass,是一款"AR(增强现实技术)+ Kinect(体感操控)"的眼镜,侧重于将现实与虚拟世界结合起来,让数据可视化、3D 化,直接通过体感进行操控,改变了人与数据交互方式,让数据更加立体、直观地为人所用。

Meta 2 是 Meta 公司推出的第二代 AR 开发套件,与前代产品相比,最大的提升在于显示技术方面,视场角(90°的 FOV),分辨率(2560×1440 像素)都明显提升,配备了手势交互、位置追踪传感器和 720P 前置摄像头。采用了光学镜片反射原理,将一块智能手机屏幕置于半透明的凹形塑料罩之上,用作反射媒介,将光从屏幕反射进入人的眼睛。Meta 2 给用户展现了一幅幅清晰又明亮的 AR 图像。通

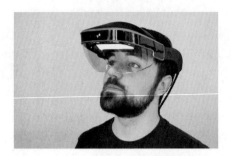

图 9-5　Meta2 的佩戴效果

过对现实场景的探测并补充信息,佩戴者会得到现实世界无法快速得到的信息;而且由于交互方式更加自然,这些虚拟物体也更加真实。图 9-5 为 Meta 2 的佩戴效果。

Meta 2 提供的开发者套件中的 SDK 包括 SLAM 算法、手势识别算法、Occlusion(遮挡)算法、Neurointerface(一种神经网络连接方式)设计指南、演示例子代码、App、文档和技术支持等,方便开发者通过 Unity 和 C♯来创建相关内容。

5. Project Tango

Project Tango 是谷歌先进技术与项目部门孵化的一个项目,将光学传感器、惯性传感器与计算机视觉技术进行了完美结合。Project Tango 项目的原型手机配备有特制的传感器和与之匹配的软件,使之能在每秒进行 1500 万次 3D 测量,结合实时监测的位置和方向,结合大量数据绘制出周围世界的 3D 模型。

Project Tango 包含三大核心技术:运动追踪(Motion Tracking)、区域学习(Area Learning)和深度感知(Depth Perception)。

运动追踪是记录了相机移动的运动轨迹,利用求解移动相机拍摄的光点的相对位置来实现追踪,即拍摄—识别特征点—匹配特征点—筛去错误匹配—坐标换算来实现,并通过一个内置的 6 轴惯性传感器(加速度计和陀螺仪)捕捉相机的加速度和运动方向。

区域学习是实现运动追踪中所累积的误差的纠正,让 Project Tango 设备具有一定的记忆。预先对某场景录入数据(包括运动追踪的特征点、场景本身)。当用户进入此场景时,Project Tango 设备会自动用录入的数据来纠正运动追踪的数据,这个纠正的过程中录入场景的特征点被当作观测点,一旦与当下特征点匹配,则系统变回修正当下的追踪数据。

而深度感知是 Project Tango 的第三大技术核心。Project Tango 采用结构光作为其深度感知的视线方式。结构光,顾名思义,是有特殊结构(模式)的光,比如离散光斑、条纹光和编码结构光等。它们被投射到待检测物体或者平面上,看上去就像标尺一样。根据用处的不同,投影出来的结构光也可以分为不可见的红外光斑、黑白条纹可见光和单束线性激光等。除此之外,Project Tango 还用到 ToF(Time of Flight),由一个激光发射器、一个接收器和一个运算光程的芯片组成。通过计算不同的光程来获取深度信息,被称作深度传感器。其输出被称为"点云"数据,包含了所有被采集到深度的点的三维信息,通过"点云"数据的拼接获取深度信息。

简言之,Project Tango 为移动平台提供了一种全新的空间感知技术,可以让移动设备像人眼一样感知所在的位置、找到行走的路,并感知哪里是墙、哪里是地,以及所有身边的物体。

9.1.3 增强现实的应用及发展趋势

目前,增强现实已经应用于医疗、娱乐、工业、教育等领域。

1. 医疗

AR 技术应用于医疗教学有很多好处。首先,针对学习阶段,AR 设备可以非常方便学生的观察,例如解剖课程,可以通过 AR 实现对已经严重脱水干瘪的尸体进行再现。然后是在医学医疗实践中,AR 设备可以帮助医生将患者的各个部分分离观察,也可以立体直观地观察患者的内部结构,从而找到患者的病源并模拟出解决办法,大大提高医生的诊断效率。

目前,AR 医疗领域里也出现了许多令人称赞的产品,如图 9-6 所示。其中,微软 HoloLen 全息眼镜能够察看人体结构;飞利浦医疗保健部门与埃森哲合作开发了一款 AR 应用,用于监测患者生命体征;印度东南部的一家医院还借助谷歌 AR 眼镜完成了两场手术;游戏巨头 Illusion 发布的一套 3D 增强现实系统,能够帮助医生更好地实施整容手术。

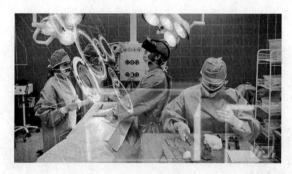

图 9-6　AR 在医学领域的应用

随着 AR、人工智能等技术的发展,AR 技术在远程会诊、病房护理、康复医疗等环节将会得到更好的应用,而且会更普遍地惠及消费端。相信在不久的将来,AR 技术会不断发展和进步,为医疗领域带来新的突破。

2. 旅游

游客在参观展览时,通过增强现实设备可以看到与展览品或者建筑有关的更详细的信息说明,感受其"前世今生",如图 9-7 所示。例如,参观古迹时,可以通过纪实视频与真实景点的叠加来还原历史的原貌;参观文物时,可以通过增强现实对破旧的或者被破坏的古物的残缺部分进行虚拟重构。除此之外,与 GPS 相关联,实现景区内的导航,如图 9-8 所示。

AR 智慧旅游不仅能解决复杂场景下导览体验差的问题,还实现了 AR 虚拟导游、文物3D 化展示、历史场景复原、建筑可阅读、互动游戏、AR 寻宝等虚实融合的全新交互体验,多维度和游客深度连接,有效提升线下流量。

3. 教育

AR 技术赋能下的教育凸显了新的可视化的教学方式。借助 AR 技术,以三维的可视化呈现教学内容,尤其是对于抽象或肉眼不可见的内容,如电波、磁场、原子等,生动、直观、形象,有助于提升学生的理解和记忆。图 9-9 为 AR 地球仪,实现了立体地球仪的效果。AR 的可视化、互动性可以自然地设计出非常吸引人的游戏化教学内容,寓教于乐,从而大幅提升学生的学习意愿,激发学习兴趣,提高学习效果。对于具有一定教学危险的课程,例

图 9-7　AR 技术对建筑的介绍

图 9-8　AR 智能导航

如化学、物理等学科,借助 AR 技术,完全可以进行虚拟的实验,同时获得同样的效果,大大降低教学培训中的风险。图 9-10 为生物课中的青蛙解剖的课程。除此之外,随着 5G 网络的发展,远程 AR 教学课堂可以让不同地区的老师、学生聚集一起进行真实、实时的互动,打破地域限制,实现了优质教育资源的均衡化。

图 9-9　AR 地球仪

图 9-10　基于 AR 的解剖课

4. 商业娱乐

为了提升消费者购物体验,盘活线下流量,促进消费,商家借助 AR 技术,制造了增强现实的智慧商场,提供了 AR 实景导航、智慧餐厅、AR 互动游戏、AR 试衣、AR 广告、AR 红包等应用场景,图 9-11 为基于 AR 的视觉震撼的 3D 虚幻景观,达到虚实融合的效果,实现沉浸式购物体验。图 9-12 为基于 AR 的室内导航与红包的应用场景,利用室内导航和空间定位技术在物理空间中布置品牌优惠券或者红包等 AR 互动内容,吸引顾客到店,提升流量,促进消费。图 9-13 为借助 AR 技术,在不占用商场任何物理空间的前提下,投放广告的应用场景,为商场带来更多广告收益,并有效实现品牌方广告诉求。

图 9-11 基于 AR 的 3D 虚幻场景

图 9-12 基于 AR 的室内导航与红包

5. 制造与维修

在船舶、飞机、火车、汽车、机床等大型设备生产现场,有大量具有较高专业技能的工人,他们操作繁杂,步骤多,容易出现遗漏或重复,也会造成安全隐患,对工人的要求相对比较高。如果工人佩戴 AR 眼镜,根据全息画面的指导,进行标准化的操作,可看到工作步骤、设备或物品的信息、工作行动路线等,这样不仅避免出错、提高效率,也能缩短工人培训周期。图 9-14 为佩戴 AR 眼镜的工人进行设备检修。

图 9-13 基于 AR 的广告应用场景

图 9-14 基于 AR 技术的设备检测

2017 年初,GE 旗下意大利佛罗伦萨 GE 燃气轮机械工厂的工人,采用 AR 技术,在燃气轮机喷嘴制造中叠加虚拟图像,对喷嘴的数十个指标进行精确测量。工作人员能够明确地知道是什么地方需要测量,测量结果也会无线传输到电脑的数据库里,只要有测量不符合设计需求,就能够马上通过平板上的视图注意到。使用 AR 技术能让工人的测量工作时间从 8 小时减到 1 小时,大大提高了工作效率,降低了生产时间。图 9-15 为 GE 将 AR 技术运用于制造生产环节。

图 9-15　GE 将 AR 技术运用于制造生产环节

图 9-16 为日本航空展示 HoloLens 用于高级维修培训的案例,基于 AR 技术的操作培训,由系统指导所有的标准步骤,使学习场景与工作场景无限接近直到重叠,并且解放双手,直接解决了"学时不能用,用时不能学"的问题,极大提高培训的用户体验。

图 9-16　日本航空展示 HoloLens 用于高级维修培训

AR 技术帮助人们解决工作中存在的痛点问题,提高效率,降低成本的优势已经毋庸置疑。尽管目前 AR 技术尚未成熟,但终有一天,AR 技术会为制造业的产品设计、生产制造、市场营销、设备维修、操作培训等环节带来深刻的变革,引领制造业真正走向智能制造。

目前大部分的 AR 产品的画质清晰度不高、细节丢失严重等问题影响了其应用的深入。随着科技的发展,提升影像精度,追逐高清、超清的画面是一发展趋势。除此之外,受限于算法,空间定位的精准度,手势识别与交互的响应时间、准确率等都不理想,需要进一步提升。

9.2　增强现实实现

9.2.1　增强现实的表现形式

增强现实技术主要依赖于图像的识别技术,所以增强现实的表现形式分为两种:标记式和无标记式。

1. 标记式

标记式的增强现实系统必须通过实现读取的标识图信息为系统提供识别标准,并定位相关联的虚拟模型对应标识图的相对位置,之后将虚拟模型叠加在真实画面中呈现在屏幕上。标记式的增强现实也是目前最常见的一种增强现实表现形式,图 9-17 为标记式的 AR 校园地图。

图 9-17　标记式的 AR 地图

2. 无标记式

无标记式的增强现实系统不需要特定的标识图,系统可以通过更多样的方法来实现。其中一种是基于地理位置服务(LBS)的增强现实系统。LBS 通过电信移动运营商的无线电通信网络(如 GSM、CDMA)或外部定位方式(如 GPS)获取移动终端用户的位置信息(地理坐标),在地理信息系统平台的支持下为用户提供相应服务。最常见的产品是 AR 地图导航,在摄像机拍摄的真实街景上叠加上直观的虚拟路标,指引用户抵达目的地。图 9-18 为华为的 AR 实景导航,抬起手机就能识别当前位置,确定目标点,发起导航,可以直观地在实时图像上呈现导航指引。图 9-19 为宜家的基于自然特征的 AR 应用,是基于自然特征的技术实现。

图 9-18　华为的 AR 实景导航

图 9-19　宜家的基于自然特征的 AR 应用

9.2.2　增强现实的实现原理

标记式的增强现实系统是最常见的形式,应用也比较广泛。所以,在本书中,我们重点介绍标记式的增强现实系统的实现。其原理是,首先准备一张特征鲜明的图片,然后应用程序扫描和识别此图片,识别成功后,显示需要叠加的虚拟模型。图 9-20 为标记式增强现实系统的实现原理图,包括三步:

(1) 从准备的图像或图形中寻找一系列特征点;

(2) 根据特征点识别出人工图像并构造出世界坐标系,得到相机的外部参数和内部参数;

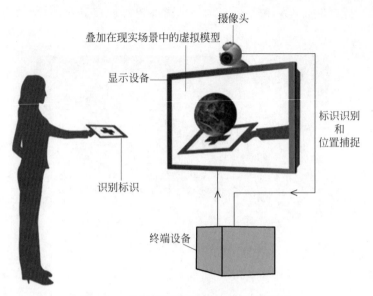

图 9-20　标记式增强现实系统的实现原理

（3）叠加虚拟物体到相机图像中。

但是，实际开发中，图像识别技术需要相应的识别软件开发工具包（AR SDK）来实现，叠加虚拟物体形成的场景需要开发虚拟场景的软件（Unity）来实现。

9.2.3　开发工具

目前，国内外的 AR SDK 有很多，例如 Easy AR、Vuforia、AR Kit、AR Core、AR Foundation 等，它们都具有图片识别的功能，但是各自都有独特的特点。

Easy AR 是一款国内的 AR SDK，支持 C、C++、Java 编程语言，支持安卓、iOS、Windows 和 Mac OS 平台，支持对接 3D 引擎，支持平面图片识别、二维码识别，支持多目标，而 3D 识别、SLAM 和云识别需要付费。

Vuforia 是高通公司的一款 AR SDK，作为一个老牌的国外 SDK，其稳定性非常高，支持 3D 识别。Vuforia 的开发版本是免费的，但是如果要发布，则 Vuforia 是收费的。但是 Vuforia 的可靠性高、跨平台特性好、识别物范围广，其在移动端的性能表现优秀，开源免费，并且支持 Unity 平台，所以成为很多 AR 应用的首选 SDK。

AR Kit 是苹果公司发布的增强现实开发套件，提供了两种 AR 技术：基于 3D 场景实现增强现实和基于 2D 场景实现的增强现实。但是此开发套件必须依赖于苹果的游戏引擎框架（3D 引擎 ScenetKit，2D 引擎 SpriktKit）。

AR Core 是谷歌推出用来在 Android 上搭建增强现实应用程序的软件平台，类似于苹果的 AR Kit。依赖于 Unity、Unreal 游戏引擎框架。

AR Foundation 是为了避免 Apple 的 AR Kit 与 Google 的 AR Core 两大 AR 平台的选择问题之后，Unity 开发的兼容两大平台的跨平台开发工具。其目的是构建一种与平台无关的 AR 开发环境，可以按照用户的发布平台自动选择合适的底层 SDK 版本。换句话说，AR Foundation 是对 AR Kit 插件与 AR Core 插件的集合。但是 AR Foundation 不局限于

AR Kit 与 AR Core，下一步发展会纳入其他 AR SDK，不仅支持移动端 AR 设备，还会支持穿戴式 AR 设备开发。

　　Vuforia 与 Unity 的结合是最常用的增强现实平台，其优势是长期稳定开源、跨平台性能好、交互性强、不需要过多硬件依赖。所以，本书以 Vuforia 为例，结合 Unity，介绍简单的 AR 应用开发。

9.2.4　Vuforia 的安装及工作原理

　　Vuforia 是基于网络的软件，所以，首先要注册用户，然后才能进行软件的下载和其他操作。

1. Vuforia 注册

　　首先，打开浏览器，登录官网 https://developer.vuforia.com，单击右上角"Register"。如图 9-21 所示。在打开的对话框中输入所需信息，如图 9-22 所示。注册成功的界面如图 9-23 所示。

图 9-21　Vuforia 注册入口

图 9-22　Vuforia 注册界面　　　　　　　图 9-23　注册成功界面

　　Vuforia 向注册邮箱发送一封邮件，单击邮件中的链接就完成了注册。

　　然后回到 Vuforia 开发者官网，单击"Login In"登录，如图 9-24 所示，在弹出的对话框中，输入刚刚设置的用户名和密码即可，如图 9-25 所示。

图 9-24　Vuforia 登录入口

2. Vuforia 下载

　　登录成功后，选择"Downloads"选项卡，如图 9-26 所示。

　　单击"Add Vuforia Engine to a Unity Project or upgrade to the latest version"，下载最新的 Vuforia SDK，如图 9-27 所示。

　　下载完成后，单击可执行文件安装 Vuforia，安装地址为 Unity 的安装地址。

　　为了方便 AR 的开发，Unity 公司在 Unity 2019 版本以后，将 Vuforia SDK 嵌入到 Unity，则不需要下载安装了。

图 9-25　Vuforia 登录界面

图 9-26　Vuforia 下载入口

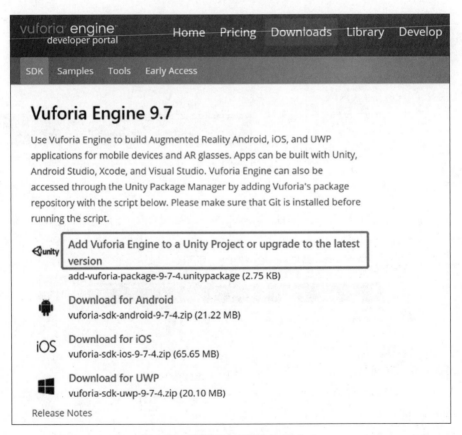

图 9-27　选择 Unity 版本的 Vuforia

如果 Unity 版本较老,在 Vuforia 网站找不到可用的 SDK,则可以在 Unity 网站 (https://unity.cn)查询并下载。其过程如下。

(1) 登录网址,单击"下载 Unity"按钮,如图 9-28 所示。

图 9-28　Unity 网址的下载入口

(2) 选择 Unity 版本,如图 9-29 所示。在相应的 Unity 版本的右侧选择"Release notes",如图 9-30 所示。在打开的页面中,选择"Vuforia Target Support"进行 Vuforia SDK 的下载,如图 9-31 所示。

图 9-29　选择 Unity 版本

图 9-30　Unity 相关下载文件

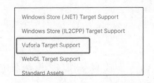

图 9-31　Vuforia SDK 的下载

9.3　增强现实简单案例制作

Vuforia 的应用程序的开发过程分为两部分,第一部分是在 Vuforia 上创建识别数据库 (注册、Add License Key、Add Database、Add Target),形成用户识别的注册密钥(License Key)和资源包(Unity Package);第二部分,利用 Unity 进行场景创建和交互实现,实现识别和可视化显示,如图 9-32 所示。

接下来,利用 Vuforia SDK,在 Unity 平台上开发一个简单的 AR 应用程序,其界面如图 9-33 所示。摄像头扫描图片(手机演示的图片)就会在图片上显示一个古典的小亭子。

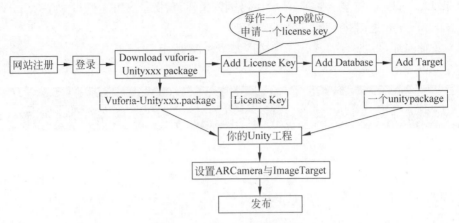

图 9-32　Vuforia 的开发流程

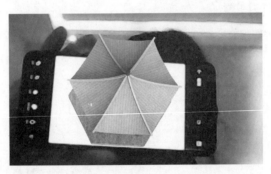

图 9-33　AR 应用程序

9.3.1　Vuforia 注册识别图

Vuforia 的识别原理是通过检测自然特征点是否匹配来完成的。将 Target Manager 中的 image 检测出的特征点保存在数据库中,然后在实时检测出真实图像中的特征点与数据库中模板图片的特征点数据进行匹配。其具体实现共包括四步:

(1) 服务器对上传图片进行灰度处理,图片变为黑白图像;

(2) 提取黑白图像特征点;

(3) 将特征点数据打包;

(4) 程序运行时对比特征点数据包。

登录 Vuforia 后,选择"Develop"选项卡,如图 9-34 所示。Develop 为技术开发模块,包括两部分:"License Manager"和"Target Manager"。

图 9-34　Develop 选项卡

License Manager 为项目的证书管理。为用户的应用程序开发证书,对应于每一个项目都是唯一的权限 License Key。

Target Manager 用于为项目创建目标检测数据库。

1. 创建开发者的证书密钥，获得 License Key

（1）选择"License Manager"选项卡，单击"Get Development Key"。如图 9-35 所示。

图 9-35　开发者证书密钥获取入口

（2）在打开的页面中输入名字"ARStudy"，选择 "By checking this box…"选项，最后单击"Confirm"，如图 9-36 所示。

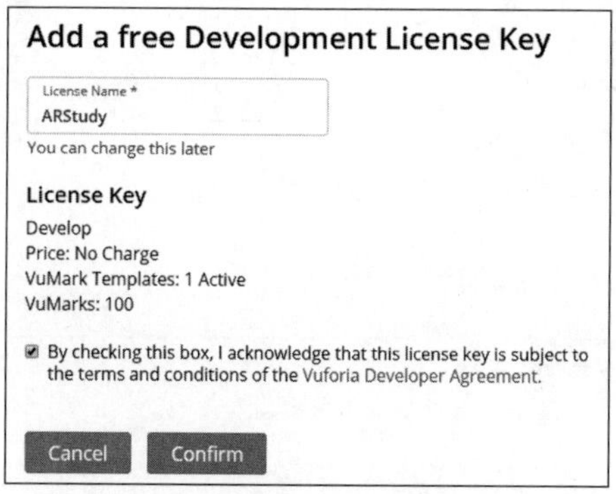

图 9-36　Vuforia 设置

（3）单击"ARStudy"，打开数据库，如图 9-37 所示。

图 9-37　打开 ARStudy

（4）License Key 是图 9-38 灰色框中的内容，用于连接 Unity 与 Vuforia。使用方法为：复制 License Key 内容，粘贴到 Unity 中"AR Camera"的"Add License Key"属性中。

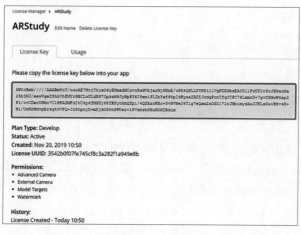

图 9-38　License Key

2. 创建并下载目标检测数据库

(1) 在"develop"下选择"Target Manage",单击"Add Database",在弹出的对话框中输入数据库名字"ARStudy",选择 Type 为"Device",单击"Create"。如图 9-39 所示。

图 9-39　创建检测数据库

(2) 创建的 ARStudy 数据库,如图 9-40 所示。

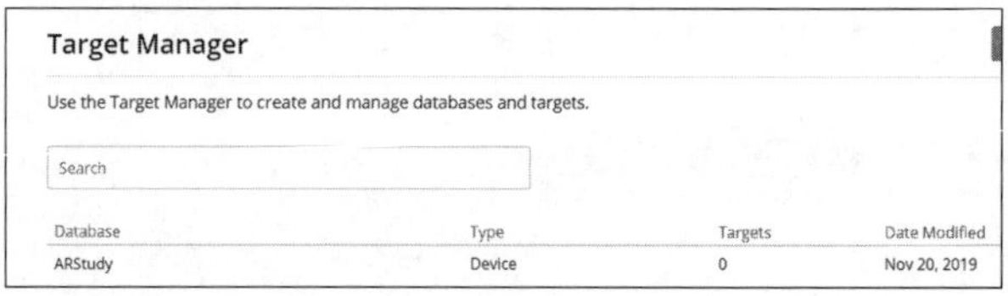

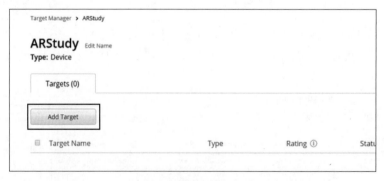

图 9-40　创建的 AR 数据库

(3) 单击"ARStudy"数据库,在打开的对话框中选择"Add Target",用来创建识别标签,如图 9-41 所示。

图 9-41　Add Target

(4) 在打开的页面中,Type File 为识别的类型,共提供四种类型: 单一图像(Single Image),立方体盒子(Cuboid),圆柱体(Cylinder)和三维物体(3D Object)。本应用程序是识别单一图像,选择"Single Image"即可;然后,在"File"属性中,选择识别的图像的文件,再填写文件的宽度(Width)和文件的名字(Name),最后单击"Add"完成设置,如图 9-42 所示。

在这里注意,选择的识别图像特征明显,尽量选择清晰的、简单的矢量图,或者对比度大的位图,识别图像的选择决定了其识别率(Rating)。

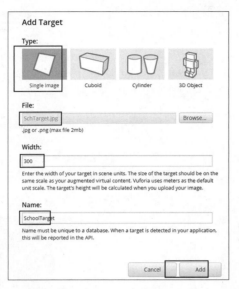

图 9-42　Target 的设置

（5）图 9-43 为创建成功数据库，Rating 为识别率，星越多表示特征越明显越容易识别，与识别图像有关。Status 为 Active。

图 9-43　创建的识别数据库

（6）下载识别数据库，选中 Target Name 下的"SchoolTarget"，单击"Download Database（All）"按钮，参见图 9-42。在打开页面，选择"Unity Editor"，单击"DownLoad"按钮下载数据库。如图 9-44 所示。

（7）下载的数据库文件为 Unity 资源包，如图 9-45 所示。

图 9-44　下载识别数据库　　　　　图 9-45　用于识别的 Unity 资源包

9.3.2　基于 Unity 的 AR 场景开发

（1）打开 Unity 软件，创建一个新的 Unity 工程，命名为"ARStudy"，此工程名字可以与上文中的识别数据库名字不同，类型选择 3D。

（2）在创建好的 Unity 工程界面中，选择“Hierarchy”
面板中的“MainCamera”，右键删除。或者在 Inspector
中隐藏。

（3）在“Hierarchy”面板中，右键添加 Vuforia 中的
ARCamera，导入增强现实摄像头，如图 9-46 所示。或者
在 GameObject 中 Vuforia 组件中的 ARCamera 导入到
工程面板，如图 9-47 所示。

（4）将下载的 Unity 资源包“ARStudy unityPackage”
导入到工程面板中。

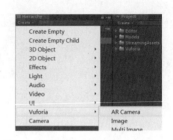

图 9-46　层级面板添加 ARCamera

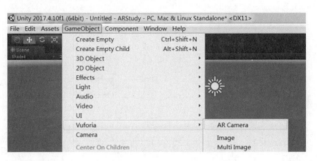

图 9-47　GameObject 中添加 ARCamera

（5）选择“Edit→Project Settings→Player”选项下的 XR Settings，如图 9-48 所示。或
者从“File→Build Setting”中选择“Player Setting…”中对 XR Setting 设置，如图 9-49 所示。
在选项中选中“Vuforia Augmented Realit”，如图 9-50 所示。

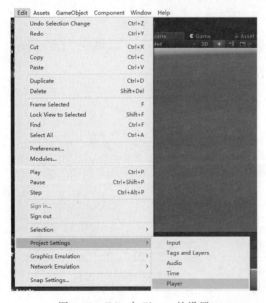

图 9-48　Edit 中 Player 的设置

图 9-49　Player Setting 的设置

图 9-50　XR Settings 的设置

此步骤用于避免出现 AR Camera 的 Inspector 中的 Vuforia Behaviour 不可用的问题。其错误为："Vuforia is not enabled. Enable Vuforia in the PlayerSetting in order to modify this object"。

（6）在"Hierarchy"面板中，选中 AR Camera，在右侧的 Inspector 中，单击"Vuforia Behaviour"下的"Open Vuforia configuration"。如图 9-51 所示。

图 9-51　Vuforia 配置

（7）打开网址，复制 License Key，如图 9-52 所示。粘贴入 Inspector 中的 Add License Key 中，如图 9-53 所示。

图 9-52　网站上复制 License Key

图 9-53　Unity 中粘贴 License Key

（8）在 Inspector 中，选中自定义数据库（ARStudy），选择 Active，激活数据库，如图 9-54 所示。

图 9-54　添加自定义数据库并激活

（9）在"Hierarchy"面板中，右键选择添加 Vuforia 的 ImageTarget，如图 9-55 所示。

（10）选中"ImageTarget"，设置 Inspector 的"Image Targer Behaviour"。Type 有三个选项，分别为预定义

图 9-55　添加 ImageTarget

(Predefined)、用户定义(User Defined)和云识别(Cloud Reco),选中 Predefined,然后在 Database 属性中,选择数据库"ARStudy",Image Target 添加识别图像,选择 "SchoolTarget",如图 9-56 所示。

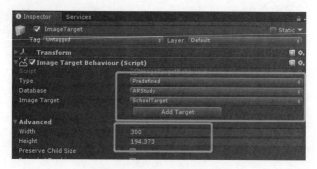

图 9-56　ImageTarget 设置

(11) 模型导入到 Unity 中的"Project"面板中,如图 9-57 和图 9-58 所示。

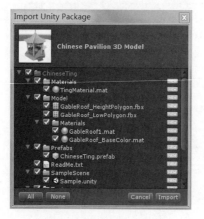

图 9-57　模型包含的文件　　　　　　图 9-58　导入 Project 中的模型

(12) 将导入模型的预制体"ChineseTing"拖到"Hierarchy"面板 ImageTarget 下,如图 9-59 所示。并在 Inspector 中,修改模型的 Scale 参数,使得模型正好覆盖识别图片,如图 9-60 所示。

图 9-59　模型预制体的导入及设置　　　　图 9-60　模型覆盖识别图片的效果

(13) 运行程序,使用手机展示识别图片时,能够正常显示模型,如图 9-61 所示。

(14) 将程序发布为可执行文件。在 Building setting 中添加场景,选择相应的设备,设置参数,发布程序。可以发布为苹果版本,也可以发布为 Android 版本。此过程操作与第 6 章、第 7 章一样,在此不再赘述。

图 9-61　运行的最终效果

　　到此为止,简单的 AR 应用程序就完成了开发,实现了图片识别显示模型的效果,这是最简单的、入门级的 AR 程序。如果想添加复杂的可交互的应用程序,动态模型、粒子系统声音与视频的添加、程序编写等的实现类似于 Unity,仅仅可交互的 UI 设计需要采用 Vuforia 的控件,可以参考 Vuforia 的帮助文件进行学习。

图书资源支持

感谢您一直以来对清华大学出版社图书的支持和爱护。为了配合本书的使用，本书提供配套的资源，有需求的读者请扫描下方的"书圈"微信公众号二维码，在图书专区下载，也可以拨打电话或发送电子邮件咨询。

如果您在使用本书的过程中遇到了什么问题，或者有相关图书出版计划，也请您发邮件告诉我们，以便我们更好地为您服务。

我们的联系方式：

地　　址：北京市海淀区双清路学研大厦 A 座 714

邮　　编：100084

电　　话：010-83470236　　010-83470237

资源下载：http://www.tup.com.cn

客服邮箱：tupjsj@vip.163.com

QQ：2301891038（请写明您的单位和姓名）

用微信扫一扫右边的二维码，即可关注清华大学出版社公众号。

教学资源·教学样书·新书信息

人工智能科学与技术
人工智能|电子通信|自动控制

资料下载·样书申请

书圈